見えない絶景　深海底巨大地形

藤岡換太郎　著

ブルーバックス

カバー装幀　芦澤泰偉・児崎雅淑
カバー画像　南里翔平
本文デザイン　齋藤ひさの（STUDIO　BEAT）
本文図版　さくら工芸社、野崎篤、齋藤ひさの（STUDIO　BEAT）

はじめに

日本中が令和改元に沸き立っていた２０１９年5月1日、地球で最も深い場所、マリアナ海溝のチャレンジャー海淵《かいえん》で、ひっそりと一つの記録が生まれました。これまで人類が到達した最深点である1万９１６ｍを12ｍ更新する、1万９２８ｍの地点での潜航に、アメリカの海底探検家ヴィクター・ヴェスコヴォが成功したのです。

地球で最も高い場所であるエベレストは、１９５3年に人類は征服しています。しかし、その高さ８８４８ｍをすっぽり飲み込むほど深い地形が海にあることが観測でわかってきて、人々は驚きました。山の高さは目に見えても、海の深さを見ることはできません。チャレンジャー海淵で最も深い場所はどこなのか、つまり、海はどこまで深いのかを探るために計測が続けられ、ときには有人探査が敢行されてきました。

１９６0年にスイスのジャック・ピカールとアメリカのドン・ウォルシュが人類で初めてチャレンジャー海淵に「トリエステ号」で潜り、1万９１６ｍ地点での潜航を記録しました。２０１2年にはカナダ出身の映画監督ジェームズ・キャメロンが1万８９８ｍまで潜り、これがそれまでの最深点のレコードとなっていました。そして２０１９年、チャレンジャー海淵に潜った世界で4人目の人類となったヴェスコヴォが、その記録を更新したのです（最深点の数値は時代や計測方法などによって誤差があります）。

地球上の大きな地形といえば、私たちはすぐに、エベレストを擁するヒマラヤなど、陸上の大山脈を思い浮かべます。しかし、じつは深海にはそれらをはるかに上回る、とてつもなく巨大な地形がごろごろしています。

ヒマラヤ山脈は6000〜8000m級の山々が2400㎞ほど連なる陸上最大の地形ですが、マリアナ海溝には、さきほどのチャレンジャー海淵をはじめ1万m級の溝が、延々と2550㎞にもわたって続いています。しかも、この海溝は北端で伊豆－小笠原海溝、そして日本海溝ともつながっていて、さらに北へ千島海溝からアリューシャン海溝にまで延びてゆき、それらの総延長はゆうに5000㎞を超えます。もしも海の水がすべて干上がったときに海溝の底から見上げれば、人類は1万m以上もの高さのところにひしめいているわけです。

海溝だけではありません。海底を走っている山脈のことを海嶺《かいれい》といいます。代表的なものには大西洋中央海嶺、東太平洋海膨《かいぼう》、中央インド洋海嶺などがあり、海底からの高さ3000m、幅1000㎞ほどの山々が連なっています。それらもまた、つながっていると見ることができ、その長さは、断裂帯《だんれつたい》とよばれる巨大な断層で途切れ途切れになってはいるものの、総延長でほぼ8万㎞、なんと地球を2周するほどの長大さです。

ほかにも、海底の台地である海台には、オントンジャワ海台やシャツキー海台など、日本列島の数倍もの体積をもつという途方もないものがあります。また、海底の総面積の約30％は、じつは砂漠のような平原です。深海大平原とよばれる何もない平坦な地形が、想像を絶する広さで続いているのです。

これらの巨大地形が海底深くに広がっている光景を思い描くと、茫然とするしかありません。一度でいいから、この目で見てみたい、とも思います。しかし残念ながら、おそらく未来永劫、それは不可能です。深海底は莫大な量の「水」という光を通さない高圧の遮蔽物《しゃへい》によって、すべてが覆い隠されているからです。

1961年にソ連（当時）の宇宙飛行士ユーリイ・ガガーリンは、宇宙船から丸い地球を眺めて「地球は青かった」という言葉を残したといわれています。1969年、アメリカの宇宙飛行士ニール・アームストロング船長は月に降り立ったとき、「この一歩は一人の人間にとって小さな一歩だが、人類にとっては大きな一歩である」と言いました。しかし、深海底を潜航した人が発した言葉として、このような印象的なものはいまだ伝えられていません。何も見えない暗黒の、あたかも黄泉《よみ》のような世界だからでしょうか。2019年に人類はついにブラックホールの撮像に成功し、135億年前にできた銀河も視野に収めるまでに至りましたが、それでもなお、人類が直接に目視できた深海は5％にも満たないでしょう。1万mの深さなど、宇宙のスケールから見ればゼロにも等しいのですが、水によって光を遮られた深海は、ある意味では宇宙よりも遠いのです。

だからこそ、人類は深海への好奇心をかき立てられ、間接的な観測という手法を進化させて、少しでもリアルにその姿をとらえようと努力を重ねてきました。それとともに、人類ならではの想像力も駆使して、見えないものを見ようとしてきました。フランスのSF作家ジュール・ガブリエル・ヴェルヌは1870年に『海底二万里』を著しました。当時はまだ潜水艦が建造されていなかったにもかかわらず、そこに描きだされた深海の臨場感は息をのむほどで、世界中の読者の胸を躍らせました。ほかならぬ私も、若いころにこの本を読み、さらに映画も観て大きなインパクトを受けたことがきっかけで、大学院の博士課程で深海底の科学を専門とすることになったのです。1974年のことですから、もう45年も前になります。

当時は深海底の観測が進むとともに、地球科学の理論も大きな進歩をとげている時期でした。1912年にウェゲナーが大陸移動説を、1960年代初めにヘスとディーツが海洋底拡大説を提唱し、それらをもとにして、1967年にプレートテクトニクスという画期的な新理論が登場してきたばかりのころでした。私が深海研究を志したのは、これら地球科学の原理ともいうべきものが、深海底で観察されるさまざまな現象とどのように結びついているのかという点におおいに興味があったからです。

その後も、海底では大きな発見が相次ぎました。熱水噴出孔が発見されて、生命誕生の場ではないかともいわれ、巨大な炎の煙であるプルームの地下での運動を考えるプルームテクトニクスが提唱されました。これらの原動力となったのが、潜水調査船の開発でした。これによって、暗黒で低温、超高圧の世界をただ垣間見るだけではなく、試料を採集したり、さまざまな計測を行ったり、機器を設置したりすることが可能になったのです。

私の研究生活も、日本における潜水調査船の進歩と足並みをそろえて展開していきました。1981年に「しんかい2000」が建造され、さらに1989年には「しんかい6500」が建造されました。「しんかい6500」は当時、世界最深の潜航能力をもった調査船で、これを手にしたことでわれわれ日本の研究者は世界に先んじて水深6500mの世界に乗り込み、いくつもの新しい発見を達成しました。1998年9月23日、「しんかい6500」は有人潜水船としては世界で初めてインド洋の潜水調査を行いました。

〈よこすか/しんかい着底した異常なし。深さ2690〉

インド洋の海底に着底した鈴木晋一船長のボイスレコーダーの記録です。一緒に乗船したコパイロットは川間格、そして研究者は私でした。これによって私たち3人は、太平洋、大西洋、そしてインド洋の三大洋を制覇した最初の人類ともなったのです。

では、私が経験してきた数々の潜航の結果、いったい何がわかってきたのでしょうか。新しい発見は、深海底の科学の理論と、どうマッチしているのでしょうか。あるいは、現在の理論では説明できないことはどれだけあるのでしょうか。これは私自身、ずっと興味をひかれてきたことです。いま、先に言ってしまうなら、深海の巨大地形には、太陽系に第三惑星が誕生したばかりの冥王代《めいおうだい》からの地球形成の歴史が、あちこちに刻みつけられています。それが何を意味するのか、そこから読みとれる地球のなりたちとはどのようなものなのか、私なりに考えてきたことを多くの人に伝える本をいつか書いてみたいと思っていました。

ヴェルヌは『海底二万里』を書いた3年後の1873年には、『八十日間世界一周』を著しています。この作品も私は大好きです。そこで本書では、ヴェルヌの二つの代表作にあやかって、深海底に潜りながら地球を一周する旅にみなさんをご案内しようと思います。

まずはノーチラス号のネモ船長になり代わって、深海に次々と姿を現す「見えない絶景」をご紹介し、みなさんの度肝を抜きたいと思います。そのあと、きっちり80日で世界一周した冷徹な理論家フォッグ氏にも思いもよらない巨大地形と地球形成史についての理論を披露して、目からうろこが落ちる思いを味わっていただこうという趣向です。

ではさっそく、潜航準備にとりかかることにしましょう。

目次――見えない絶景　深海底巨大地形

第3章 プレートテクトニクスのはじまり 177

第4章 冥王代の物語 201

第1章 深海底世界一周

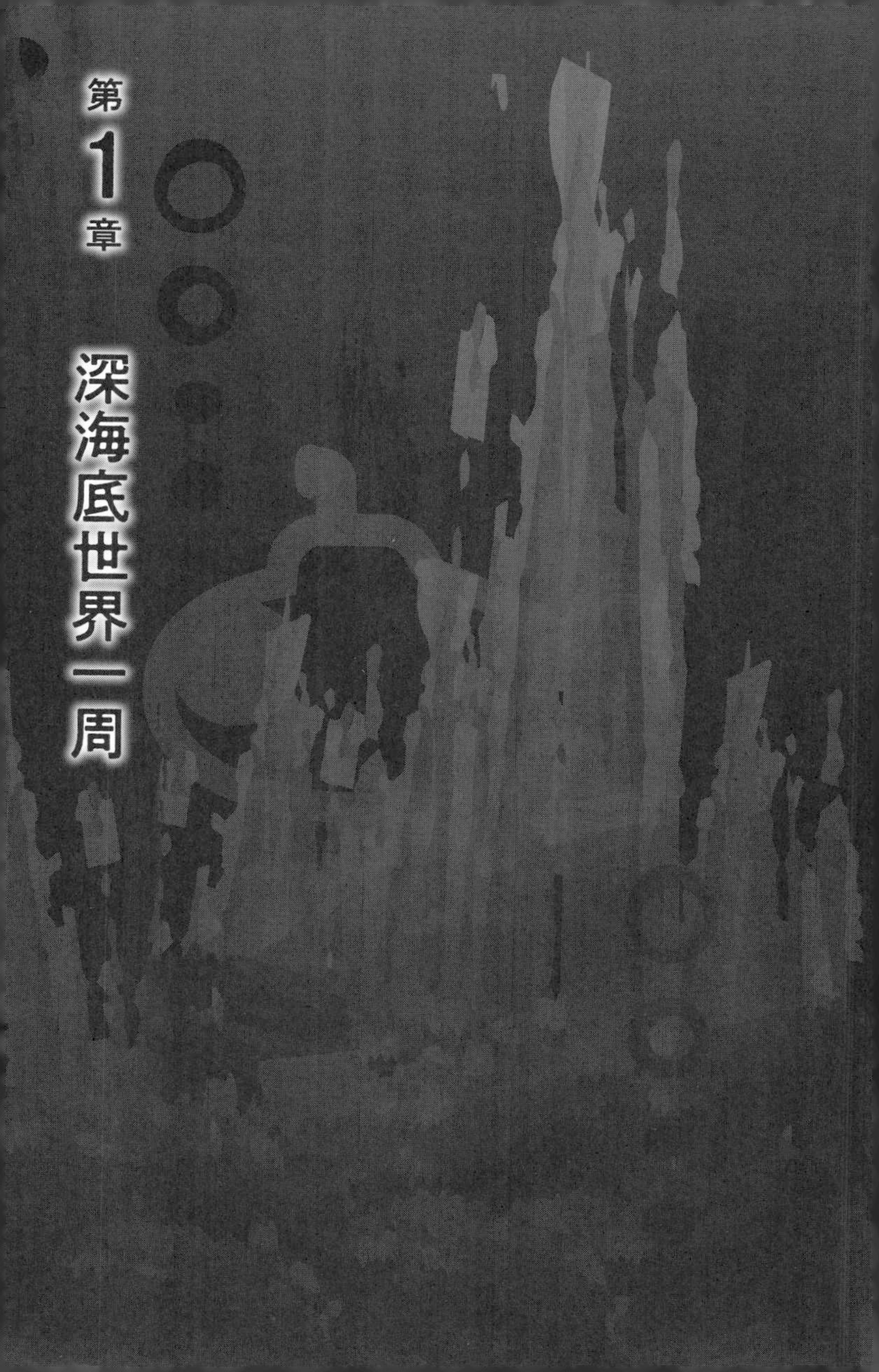

第〇景　世界一周のロードマップ

「しんかい6500」のスペック

ヴェルヌの『八十日間世界一周』では、なにごとにも異常なまでの正確さを求めるイギリスの若き資産家フォッグ氏が、80日以内に世界一周ができるかどうかに友人と２万ポンドという大金を賭け、執事のパスパルトゥーをともない１８７２年10月２日にロンドンを出発します。スエズ運河からはおもに船旅で、インド洋、太平洋そして大西洋の三大洋を船で越えました。陸路では鉄道を使いましたが、インドでは鉄道がまだ開通していなかったために、象にも乗っています。現実の世界でも、おそらくマゼラン以来の世界一周だったのではないでしょうか。

なお、１８８９年には実際に80日間世界一周を試みた二人の記者がいました。いずれも女性で、一方の新聞記者は東回りで、船と鉄道を使って72日間で、もう一方の雑誌記者は逆の西回りで、76日間で達成しています。

いまなら飛行機を使えば、2日もあれば世界一周は可能です。しかし、深海を潜っての世界一周となると、話はまったく違ってきます。それにはやはり、世界最高水準のスペックをそなえた潜水調査船が必要でしょう。そこで、たとえば「しんかい6500」はどれくらいの性能をもっているのかをみていきましょう。

「しんかい6500」は、海洋研究開発機構（JAMSTEC）が「しんかい2000」の後継機として1989年に開発した、水深6500mまで潜航できる有人の潜水調査船です（図1-1）。2012年に中国が最大深度7000mの「蛟竜（Jiao Long）」を開発するまで、世界で最も深く潜ることができる調査船でした。2019年11月現在で1558回の潜航を記録し、私はそのうちの51回に乗船しました。

全長は9・7m、幅2・8m、高さ4・1m、空中重量は約27tで、乗員は3名までです。通常はパイロットが2名と、研究者が1名、乗船します。乗員が乗り込むチタン合金製の耐圧殻は、内径2・0m。かなり窮屈です。最大速力は2・7ノット（時速約5㎞）で、通常潜航時間は朝9時から夕方5時までの8時間。最大深度の6500mに潜航するときは下降上昇に合計5時間を要し、海底での行動は3時間という時間配分になっています。また、海底は暗黒であるため観察には強力なライトが必要です。そのほかの機器も含め、すべては電力で駆動され、電源としては2個の強力なリチウムイオンバッテリーが搭載されています。ライフサポート時間（緊急

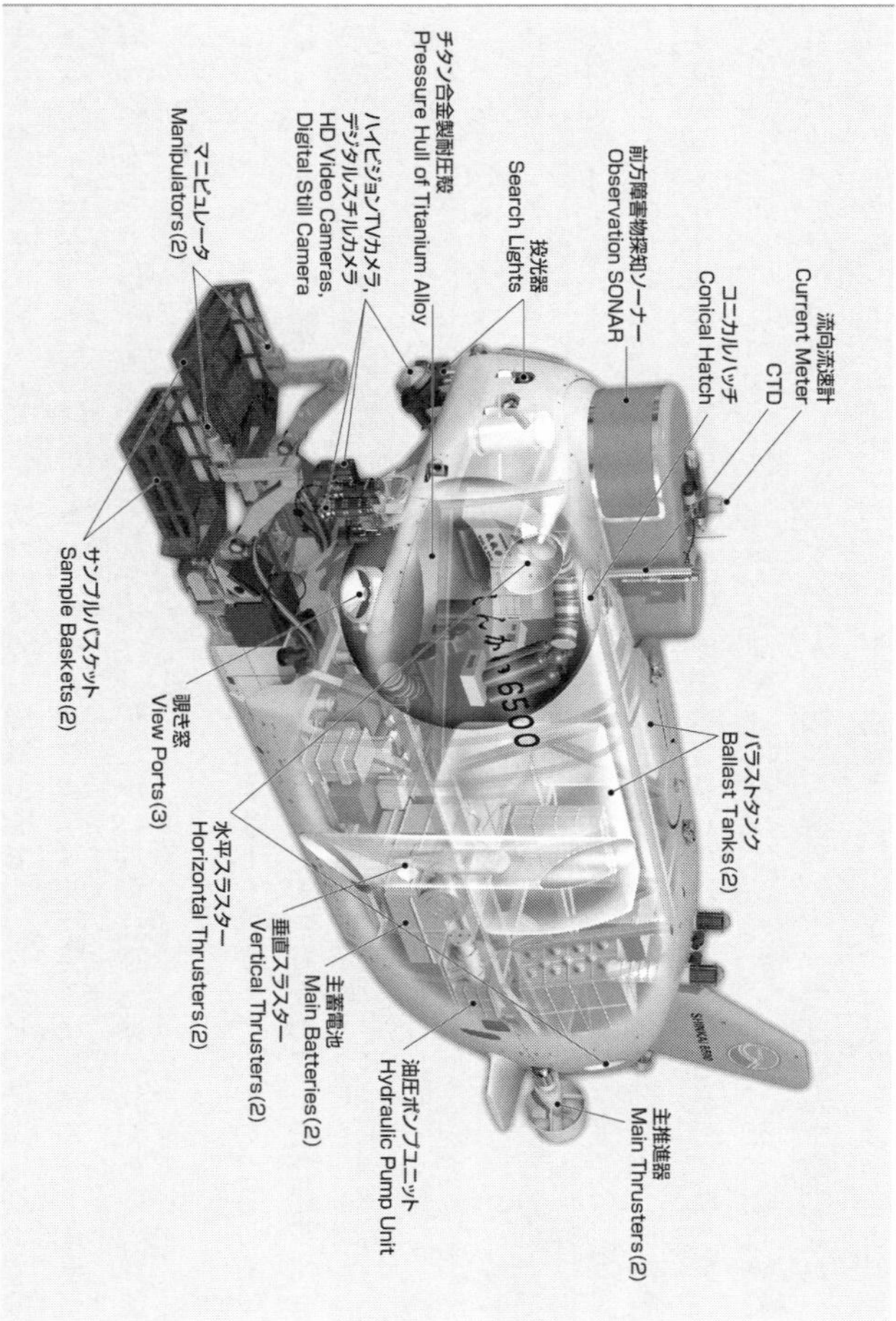
流向流速計
Current Meter
CTD
コニカルハッチ
Conical Hatch
前方障害物探知ソーナー
Observation SONAR
投光器
Search Lights
チタン合金製耐圧殻
Pressure Hull of Titanium Alloy
ハイビジョンTVカメラ,
デジタルスチルカメラ
HD Video Cameras,
Digital Still Camera
マニピュレータ
Manipulators(2)
サンプルバスケット
Sample Baskets(2)
覗き窓
View Ports(3)
水平スラスター
Horizontal Thrusters(2)
垂直スラスター
Vertical Thrusters(2)
主蓄電池
Main Batteries(2)
油圧ポンプユニット
Hydraulic Pump Unit
主推進器
Main Thrusters(2)
バラストタンク
Ballast Tanks(2)
しんかい6500

図１－１　「しんかい6500」の構造（©JAMSTEC）

時に乗船可能な時間）は129時間以上、ペイロードは150kgです。ペイロードとは、潜水調査船に取りつけたり、持ち込んだりできる機器や海底から持ち帰れるサンプルの最大重量のことで、ペイロードが大きいと電源、油圧などに制約がかかります。

およそ以上が「しんかい6500」の基本的なスペックですが、補足すれば、その最大速度からわかるように、遠く離れた潜航海域には時間がかかりすぎてみずから赴くことはできません。したがって、16ノットの母船「よこすか」によって運ばれます。

いかがでしょう。世界最高水準の潜水調査船といっても、速度は遅いし、潜航時間も限られているし、案外、制約が多いものだなと思われたかもしれません。何より3人が直径2mの空間に閉じこもるというのは、かなりの苦痛に感じられるでしょう。しかし、贅沢《ぜいたく》は言えません。水深6500mの世界では、水圧は681気圧にもなります。これは人間の指の上に軽自動車が乗った状態に相当します。深海は本当におそろしいところなのです。

「しんかい6500」が海面と深海底を昇降するしくみも説明しておきましょう。浮力材として、中空の耐圧ガラス製マイクロバルーンをエポキシ樹脂で固めたシンタクティックフォーム（比重は約0・54）が用いられています。これを船体の隙間にぎっしりと取りつけているため、「しんかい6500」は動力がなくとも自力で海面まで戻れるだけの浮力をもっています。いわば、海底の気球のようなものです。昇降は、バラスト（錘《おもり》）の調整によって行われます。深海底に降りるときは、下降用バラストを取りつけ、その重量によって毎分約40mの速度で沈降します。海底からの高度約100mまで降りると、下降用バラストを切り離し、調査船の浮力と上昇用バラストの重量を釣り合わせ、浮きも沈みもしないよう調整します。そこから海底へは、垂直スラスターという動力システムの推力で降りていき、着底します。上昇するときは、上昇用バラストを切り離すと、みずからの浮力で上昇し、海面まで上がってきます。上昇と下降にかかる時間はほぼ同じです。

では、「しんかい6500」の優秀性はどこにあるのでしょうか。具体的にいいますと、それは、以下の五つです。

（1）安全性に優れている。
（2）高性能の電池（大容量油漬均圧型リチウムイオン電池）を使用している。
（3）位置精度に優れている。これは、音波で計測した距離から三角測量で位置を割り出すLBL方式に加え、音波が戻ってくるときの角度を検出するSSBL方式も採用しているからです。
（4）水中画像伝送システムをもっている。
（5）専用母船（「よこすか」）とともに建造された。

これらの特長により、「しんかい6500」は長年、世界のどの潜水調査船にも優る性能を発揮してきました。つけくわえれば、母船「よこすか」では酒が飲めること、食事がよいことでしょうか。長い航海では重要なことです。

潜水調査船の「得意」と「不得意」

このように現代海洋科学の粋を集めて設計された潜水調査船にも、得意な仕事もあれば、そうでない仕事もあります。

まず、最も得意な仕事は、急な斜面を登っていくことです。これは、陸上で急峻な崖の調査をすることを考えると、夢のような話です。ヒマラヤやアンデスのような高い山では、重い荷物をもって空気の希薄な高山に登るのは並大抵なことではありません。しかし、深海では潜水調査船はいともたやすくこれを実現し、海底にそびえ立つどんな高みの頂にもわれわれを連れて行ってくれるのです。

逆に、潜水調査船にとって苦手な仕事は、急な斜面を下りることです。潜水調査船の視界は前方にしかなく、後ろや横はほとんど見えません。そのため急斜面の下降中には、後方で推進器などが斜面に当たってしまうことがあります。故障の危険があるのでそれは避けなくてはなりませんが、熟練したパイロットでも、これがなかなか難しいのです。したがって、急斜面を下りながら前方を観察することなどは、至難の業といえるのです。

また、海水中に浮いた状態で作業することも、あまり得意ではありません。たとえば、熱水噴出域で黒い煙のような熱水を吐き出しているブラックスモーカーの先端から熱水を採集するような場合、ブラックスモーカーの背が高いと海底から浮上して作業をする必要がありますが、そのようにバランスをキープしながらの仕事はどちらかといえば苦手なのです。

以上、おもに「しんかい６５００」を例にとりながら、潜水調査船とはどのようなものかをご紹介しました。

しかし、これからみなさんに乗っていただくのは、ちょっと現実離れした潜水調査船です。その名も「ヴァーチャル・ブルー」です！　といえば、ご想像がつくかもしれません。われわれの深海底世界一周旅行を最大限に効率よく、そして快適なものにするためにブルーバックスが用意した、万能の仮想潜水艇です。その能力はこのあとおいおいご紹介していきますが、ご都合主義などと目くじらを立てず、大目に見ていただければ幸いです。

コースの説明と「お断り」

次に、世界一周のコースをご説明しましょう。

地球の深海底には、以下のような大きな構造があります。

海嶺……総延長は地球２周分（約４万km×２）の、地球最大の山脈
海溝……細長い溝状で、最大水深は１万ｍを超える地球最深の地溝
断裂帯……海嶺に直交して走る巨大断層で、最大のものの長さは約７０００km
海台……海底の巨大な台地
深海大平原……海底の広大な平地

日本を出発してこれらの巨大地形を効率よく見ながら世界一周するには、およそ北緯40度の地点から太平洋を真東に向かってひたすら進むのがよいと私は考えています。この線上に、多様な地形が並んでいるからです。では日本列島の太平洋岸で北緯40度あたりはどこかといえば、たとえば東北地方太平洋沖地震からの復興著しい、岩手県の宮古港がそうです。この旅では、ここを出港の地とすることにしましょう。

では、このコースの概略を紹介します（図１－２）。

宮古湾から太平洋に出ると、大陸棚や大陸斜面を越えて、南北に走っている日本海溝に潜ります。ここで海溝に太平洋プレートが沈み込んでいく地形を見ながら進むと、やたらと広い深海大平原に入ります。さらにしばらく行くと、巨大な海台に出くわします。シャツキー海台です。その大きさへの興奮もさめやらぬうちに、われわれは常夏の楽園、ハワイ諸島に迎えられます。こ

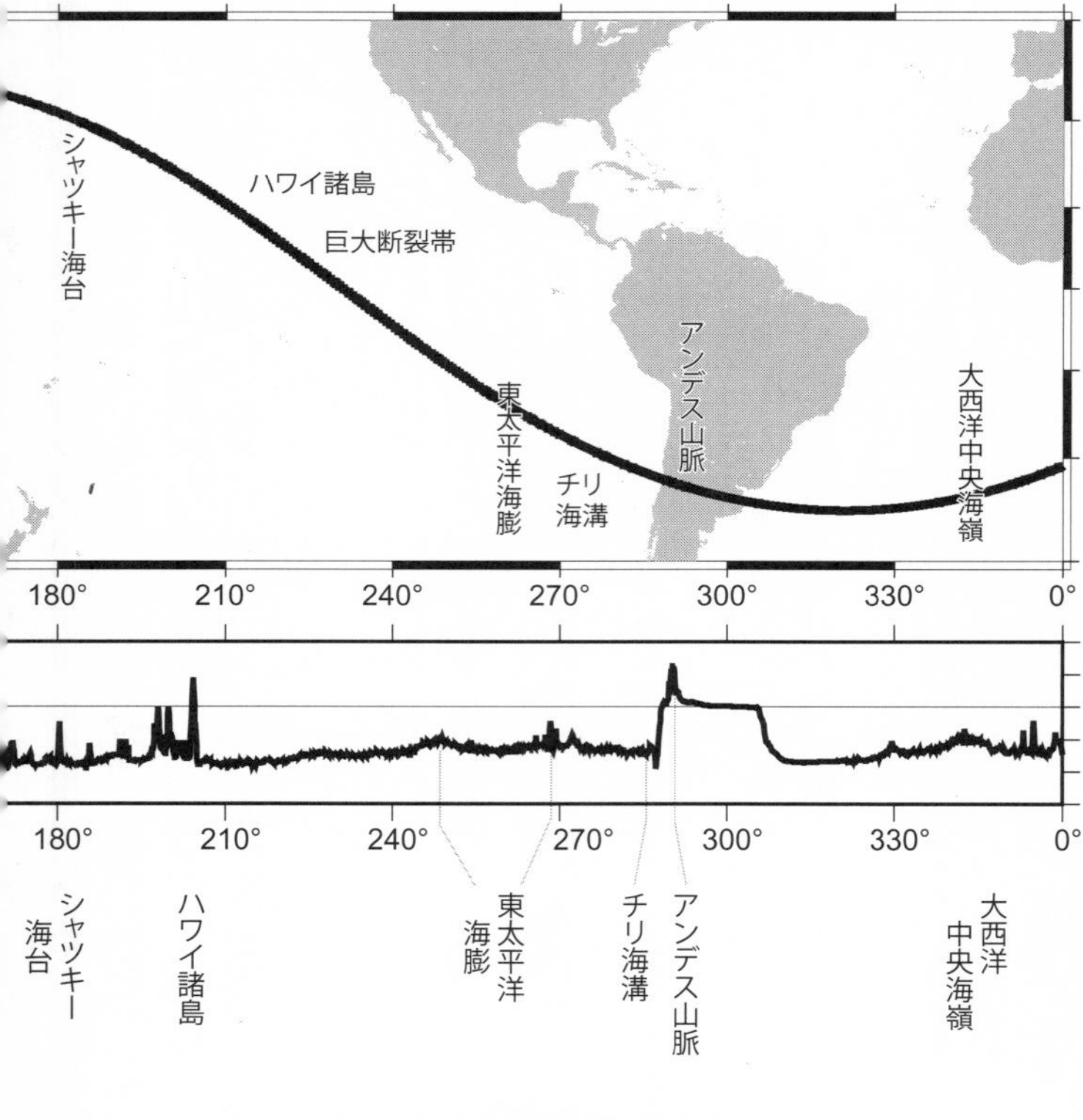

図１－２　深海底世界一周のコース

出発地からみた真東の方向に、地球という球面をひたすら進むと、航路はしだいに緯線より南に離れていき、出発地を含む最も大きな円を描く。つねに現在いる地点での真東に向かって進むのではないことに注意（その場合、航路は緯線に沿った小さな円になる）

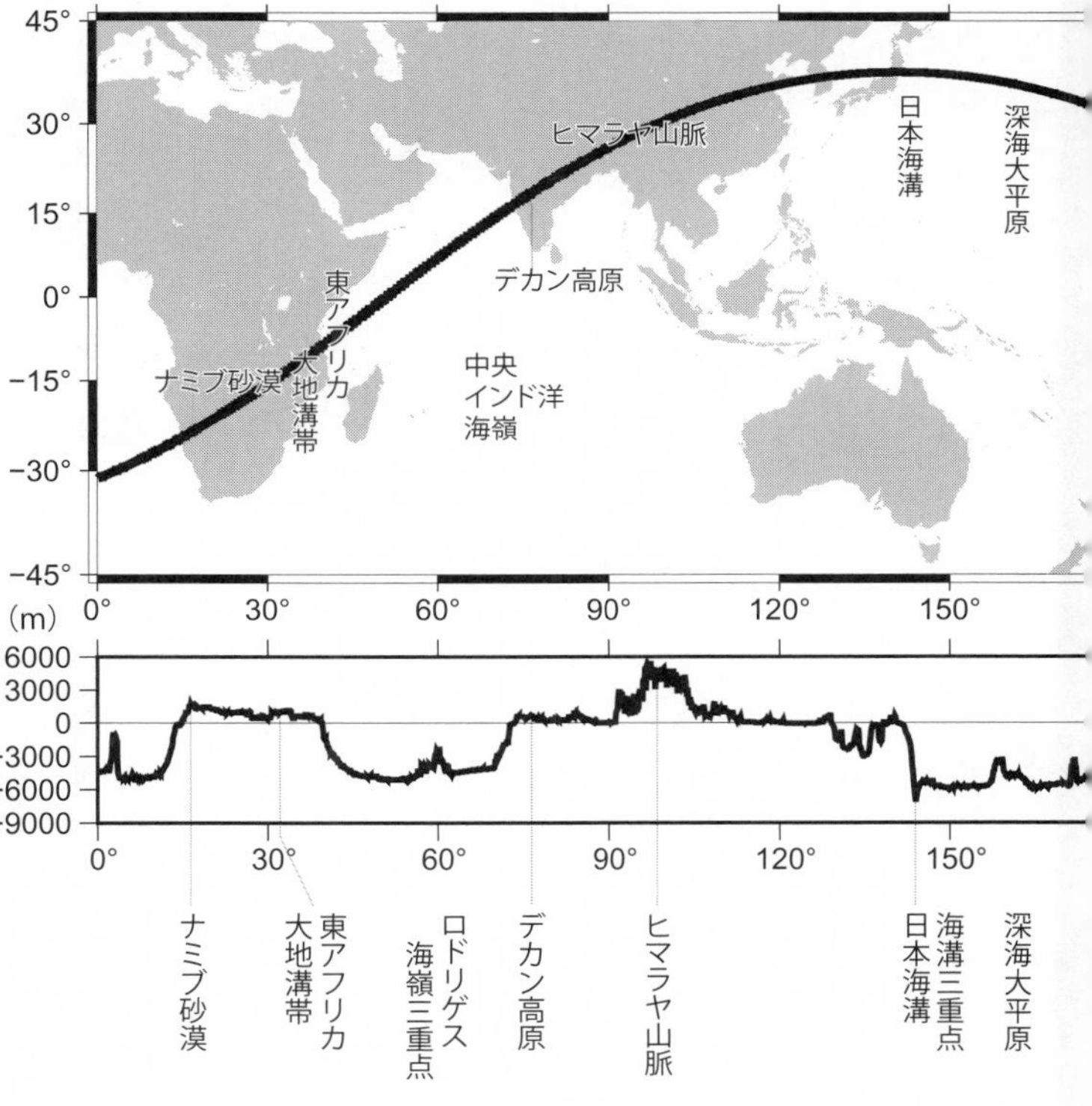
45°
30°
15°
0°
−15°
−30°
−45°
0°
30°
60°
90°
120°
150°
ヒマラヤ山脈
日本海溝
深海大平原
デカン高原
東アフリカ大地溝帯
ナミブ砂漠
中央インド洋海嶺
(m)
6000
3000
0
−3000
−6000
−9000
ナミブ砂漠
東アフリカ大地溝帯
ロドリゲス海嶺三重点
デカン高原
ヒマラヤ山脈
日本海溝
海溝三重点
深海大平原

こで少し陸に上がって、ホットスポットの火山を眺めながら休息をとります。

ハワイを出ると、いくつかの巨大な断裂帯にぶつかります。そこで独特の奇観に驚いていていただいたあと、いよいよ巨大地形の〝真打ち〟、海嶺と対面していただきます。太平洋プレートを産生している東太平洋海膨です。ここでは、海洋底が世界一速い拡大をしている様子を眺めたいと思います。そのあとは、チリ海溝を通り過ぎて南米大陸に到着します。宮古港から真東に進むと、このようなコースで太平洋を横断して地球の裏側にたどりつくのです。

ここで、みなさんに一つ、お断りしたいことがあります。この旅は本来なら海底だけを潜航すべきところですが、それでは大西洋に出るには浅いパナマ地峡を通ったり、大西洋からインド洋へ出るために喜望峰を大回りしたりと、手間がかかるわりには深海の巨大地形を見るという意味ではあまり見どころがないところを通らなければなりません。そこで、ここからは「ずる」をさせていただきます。空を飛ぶのです。フォッグ氏のように日数を競う旅ではありませんから、お許しいただけるでしょう。

言い訳をすると、空を飛ぶのは折々で陸上の巨大地形が見たいからでもあります。たとえば南米大陸では、6000mの海底から一気に、アンデス山脈の6000m級の山々を見下ろす高さまで飛翔します。その落差1万2000mの大ジャンプです。

そのあとは再び海に潜り、大西洋を進みます。ここでわれわれは、地球で最も巨大な地形に出会います。大西洋中央海嶺です。これを見学して大西洋を渡り切り、アフリカ大陸に着くと、またジャンプ。世界最古の砂漠といわれるナミビアのナミブ砂漠を通り過ぎ、東アフリカ大地溝帯を見下ろします。陸上では最大の、大地が真っ二つに割れたような巨大地溝帯です。

地溝を越えればインド洋に潜ります。ここでは、中央インド洋海嶺など三つの海嶺が一点で交差しているロドリゲス海嶺三重点が見ものです。そのあとは、また海を飛び出し、膨大なマグマがつくったデカン高原や「世界の屋根」ヒマラヤ山脈、そして中国大陸の上空を経て、東シナ海に潜り、懐かしい日本列島をめざして北上します。途中、われわれにはその動向が気になる南海トラフも横目で見ながらさらに進んでいくと、世界でも日本にしかない、きわめて珍しいスポットにたどりつきます。そこをこの旅の終着点とします。

コースの説明は以上とします。では、いよいよ出発です。

第一景　日本海溝

われわれが乗った仮想潜水艇「ヴァーチャル・ブルー」は宮古港から出航して太平洋に進み、いま、ゆっくりと海底へ下降中です。めざすは最初の巨大地形、日本海溝です。この間に私は、急流下りの船頭さんよろしく、いろいろな思い出話やエピソードなどを語っていきますので、窓の外を見ながら聞いていてください。

史上初の「日本海溝横断」

１９８５年に、「ノティール」というフランスの潜水調査船が日本近海にやってきたことがあります。フランスと日本が協力して日本周辺の海溝を調査する「KAIKO計画」（日仏海溝計画）のためで、この計画は世界の代表的な海溝を調査するプロジェクトの一環でした。

このとき、太平洋側の南海トラフ、相模トラフ、駿河トラフ、日本海溝などの海溝で、合計27回の潜航が行われ、日本海溝を私が担当しました。

私は潜航する場所として、茨城県の日立沖を選びました。ここでは、日本海溝に第一鹿島海山という海山が引っかかっているために、水深が6000mより浅くなっています。そのため、ここでならば、調査船で日本海溝を横断することができると考えたからです。

これまで、日本近海での海溝の横断は、誰も試みたことがありませんでした。海溝のほとんどは底まで6500m以上あるために「しんかい6500」でも横断はできません。南海トラフは水深が浅いので行けなくはないのですが、海溝底の幅が広いため、1回の潜航では渡りきることは不可能です。しかし、この日立沖の第一鹿島海山だけは唯一、横断が可能なのです。

私が立てた潜航計画は、日本海溝の東側の斜面、つまり日本列島（陸）とは反対の海側の斜面から降り立って、海溝底を横切り、西側、つまり陸側の斜面へとトラバース（横断）するというものでした。

「イエローサブマリン」と呼ばれる黄色鮮やかな「ノティール」に乗り込んで静岡県の清水港を出港し、いざ第一鹿島海山へ。この潜航の大きな目的の一つは、日本海溝の底に存在していると予想される、深海生物シロウリガイの群集（コロニー）を発見することでした。シロウリガイはほかの生物を食べて栄養を得るのではなく、その体内に、普通の生物には毒となるメタンや硫化水素などを栄養に変える「化学合成細菌」を棲まわせていて、彼らから栄養を供給されている「化学合成生物」と呼ばれる生きものです。それまで、シロウリガイが深海でそのような生態で生存していることは予想されてはいましたが、実際には誰も確認していませんでした。

フランスの潜水調査船に乗るのは初めてでしたが、この年には私は「しんかい2000」に乗って相模湾で潜航を経験していたので、不安はありませんでした。

1985年7月22日、日本海溝の水深5000mへ。真夏の甲板から船内に乗り込むときの耐え難い暑さは日本の調査船と同じで、ハッチを閉じるとまるで蒸し風呂でした。しかし、潜りはじめると涼しくなってきて、海底へ着くころには寒くて震えていました。

水深5800mの地点に着底すると、そこは第一鹿島海山の西半分の裾野でした。窓からのぞいた海底はとても視界がよく、水があることを忘れてしまいそうなほどでした。センジュナマコという明るいグレーの体色の、前後に触角のようなものをもったナマコの一種がのんびりと群れをなしていて、まるで海底牧場といった様相でした。私はこのナマコに「ピグマ」というあだ名をつけました。ピグマはいたるところにいて、ときには調査船のスクリューが巻き起こす流れでコロコロとひっくり返っていました。足はたくさんあるのですが、短いので踏ん張りが弱いようです。こいつらがあまりにものんびりしているので、1年間に10㎝も移動する太平洋プレートに乗ったまま、日本海溝に沈み込んでしまうのではないかと心配になったほどです。

「ノティール」は日本海溝を横断すべく、海側斜面をさらに底に向かって降り、水深5892mの海溝底に着きました。その風景は裾野とはずいぶん異なっていました。のんびりしたピグマ牧場はなく、大小さまざまな岩（泥岩）のブロックが堆積物といっしょにごろごろと散在し、その間にピグマが少しと、もうひとまわり小さなナマコが棲息していました。

海溝底を横切ると、今度は登り坂です。海溝の陸側の斜面は、海側と比べて明らかに急峻でした。海溝軸に直交する方向には、海底谷とガレがいくつもありました。ガレとは海底谷を小さくしたようなもので、海底のちょっとした凹みです。あるガレを下り、次に登って水深５７００ｍのところにきたときでした。「ノティール」の視界に、二枚貝の貝殻が飛び込んできました。シロウリガイの死骸でした。ということは、その上流には生きたシロウリガイがいるはずです！私たちは興奮して、さらにガレを登りました。

すると、二枚貝の貝殻が累々と散在しているのが見つかりました。私は前のめりになって、この貝殻をたどって行くようパイロットに頼みました。そして小さな崖を越えたところで、ついに生きているシロウリガイの群集が見つかったのです。水深５６４０ｍほどの、超高圧の暗黒世界で、それらはびっしりと海底にはりついていました（図１－３）。私は思わず歓声を上げました。パイロットたちは興奮しまくって母船「ナディール」と交信していました。

私たちは深海で初めて発見されたこのシロウリガイの小さな群集を「鹿島コロニー」と名づけました。全体をくわしく観察し、シロウリガイを採集し、時間が来たので浮上を開始すると、急に寒さをおぼえました。以前に中村保夫と翻訳した東太平洋海膨の潜航記録に「調査が終わると

図1－3　日本海溝で初めて発見されたシロウリガイの群集
（©JAMSTEC）

急に寒くなった」という表現があったのを思い出しました。そもそも日本海溝の底の水温はかなり低いので寒くないわけがなく、この文章の意味がわからなかったのですが、ようやく理解できました。観測に集中して興奮していると、寒さを忘れてしまうのです。そして、すべてが終わって我に返ったとたんに、急に寒くなるのです。

母船に揚収されてハッチが開かれると、研究者たちから祝福の水攻めにあいました。たばこをふかしワインを飲んでから、採集してきたシロウリガイを見て、きょう海溝の底で見てきたことが現実であったのだとようやく実感しました。竜宮城から戻った浦島太郎ではなかったのだと。

日本海溝のかたち

ちょっと長いおしゃべりをしている間に、われわれの「ヴァーチャル・ブルー」も、いよいよ日本海溝に到着したようです。ここで少し、この海溝の基本的なことを説明しておきます。

日本列島の東には地球上で最大の海、太平洋が広がっています。太平洋のはるか沖、南米大陸の手前には、東太平洋海膨という海嶺、すなわち海底火山の山脈があります。ここでは、地下からたえず上昇してくるマグマによって太平洋プレートというプレートが製造されていて、新しいプレートは1年間に平均すると10cmほどの速度で日本列島に近づいています。しかし、太平洋プレートが日本列島に衝突することはありません。その手前で海底に沈み込み、地球の内部へと呑み込まれていくからです。この沈み込みの場所が、日本海溝です（図1-4）。

海溝の全長は800kmほどで、新幹線の東京から函館くらいまでの長さです。水深は、最北端の襟裳《えりも》海山の近くが最も浅いのですが、それでも7400mほどあります。その北は千島海溝に連結しています。そこから南へ下るにしたがって深くなり、いまお話ししたように茨城県日立沖の第一鹿島海山あたりでは、海山が引っかかっていないところは8000mもの深さです。陸上のヒマラヤ山脈を裏返しにしたような深さの溝が続いているわけです。

なお、日本海溝は最北端から仙台沖あたりまではほぼ南北にまっすぐ延びていますが、そのあ

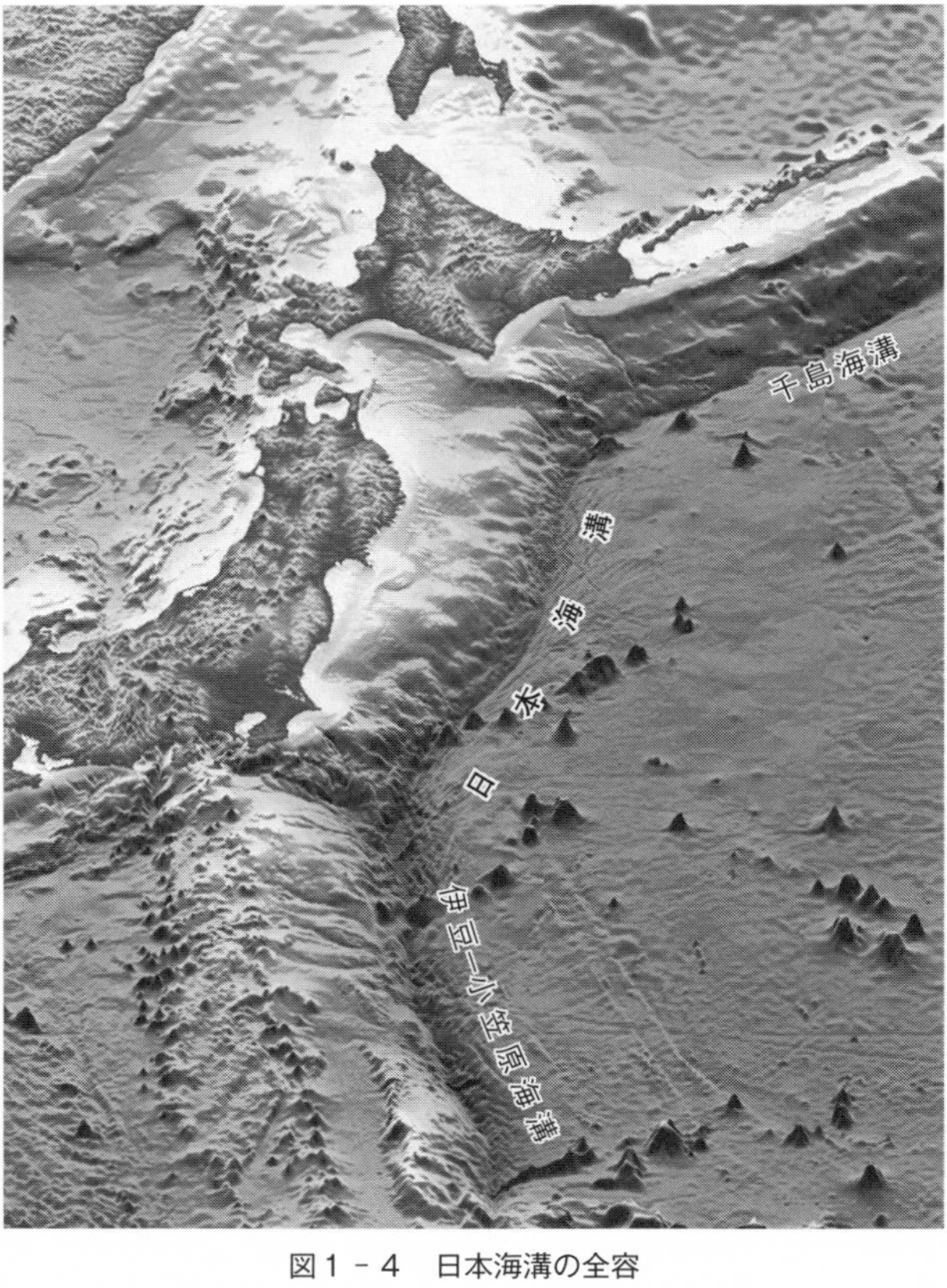

図１－４　日本海溝の全容
北端では千島海溝に、南端では伊豆－小笠原海溝につながって、太平洋プレートの沈み込みをうけている

とはだんだん東寄りに向きを変えています。つまり、北部と南部の二つのセグメントに分かれているのです。これは、仙台付近から北西に延びる断層（石巻‐鳥海山構造線）によって切られているからです。

日本海溝に最初に潜った有人潜水艇はフランスのバチスカーフ「アルキメデス」で、1962年のことです。このときは水深7500mまで潜っていて、これがいまだに日本海溝の有人潜航の最深記録となっています。

陸側斜面の「地震の爪痕」

いま、「ヴァーチャル・ブルー」は日本海溝の水深6500mほどのところに着底しました。前方に強力なライトで照らしだされているのは、日本海溝の陸側の斜面です。あらためて言うと陸側というのは日本列島の側という意味で、海側は太平洋側という意味です。

陸側斜面には、大きな特徴が二つあります。

第一に、地滑り、あるいは斜面崩壊の跡と思われる地形がたくさん見られることです。それは青森県の八戸沖あたりから、日立沖の第一鹿島海山あたりまで続いています。八戸沖のものが最大で、地滑りの跡が水深1000mあたりのところから始まって、7400mの海溝底にまでつながっています。なんと高低差6400mの地滑りです。このような現象が陸上で起こったらどんな事態になるのでしょうか。もっとも、日本の陸上にはこれほどの高低差はありませんが。なお、これと似たような地形は、ミクロネシアのパラオ海溝や、中米のコスタリカの海溝斜面でも知られています。

第二の特徴は、大きな海底谷が見られないことです。日本列島には多くの断層があり、それは海底にまでつながって海底谷になっていると考えられています。実際に、伊豆-小笠原海溝の陸側斜面では大きな海底谷がたくさん見られます。にもかかわらず、日本海溝の陸側斜面では大きな海底谷はほとんど見られないのです。その原因は、斜面崩壊などによって土石流が発生して、大量の堆積物が海底谷を埋めてしまったからではないかと考えています。

地滑り、斜面崩壊といった言葉から、みなさんも「地震」を連想されたのではないかと思います。日本海溝では、太平洋プレートが沈み込むときのせめぎあいによって発生する海溝型の巨大地震がしばしば発生し、東北日本に甚大な被害をもたらしてきました。1896（明治29）年の明治三陸地震では、震度は最大で4しかなかったのですが津波の被害が甚大で、約2万2000人の死者を出しました。これは「スロー地震」と呼ばれる、きわめてゆっくりとした地滑りにともなう地震でした。このときの震源は日本海溝の陸側斜面に位置していて、大きな斜面崩壊の跡が、いまも海底地形図に残っています。

また、陸側斜面からは、シロウリガイの大きな群集も多数見つかっています。以前にフランスの潜水調査船「ノティール」で私たちが見つけたのと同じものが、きわめて広い範囲で分布していたのです。これも驚くべきことでした。しかし、海側斜面からはシロウリガイの群集は見つかっていません。このことから、陸側斜面にはこの生物にとって栄養となるメタンや硫化水素などに富んだ水が噴き出してくるメカニズムがあることがわかりました。なお日本海溝のシロウリガイの群集は、発見当時は世界で最も深いところにある化学合成生物群集でした。

ところが、１９９４年に三陸はるか沖地震が起きたあとに日本海溝に潜ってみると、陸側斜面でも震源地の近くでは、シロウリガイの群集を見つけることはできませんでした。この地震で発生した土石流によって群集が生き埋めになってしまったのではないか──私たちはそう考えましたが、いまだ定説にはなっていません。

では、地震の爪痕が生々しい陸側斜面にはそろそろ別れを告げて、海溝底を越え、海側斜面をめざすことにします。

海側斜面での「絶叫体験」

いま、われわれは三陸沖の水深６２００ｍほどの海側斜面にいます。こちら側の地形では、凸凹の構造が非常に顕著にみられることが大きな特徴です。これを地塁・地溝構造といいます。では、この斜面を少し、登ってみましょう。地塁と地溝が繰り返し続き、陸上であれば難路ですが、潜水調査船は山登りが得意なことは先にお話ししたとおりです。

いま、少し傾斜が緩やかになったところで、その先の斜面に、小さな亀裂がぱっくりと口を開けているのがライトに照らし出されています。

じつはこの亀裂で、かつて身も凍る体験をした人たちがいました。

それは「しんかい６５００」が初めて日本海溝を潜航し、海側斜面を調査していた１９９１年のことでした。この亀裂を見つけた乗員たちは、その小ささが気になりました。幅は広いところでも10ｍに満たず、長さは１８５ｍほど、深さは大きいところで３ｍほどと、海底の裂け目としてはあまり見かけないサイズだったからです。

近づいてみると、亀裂の端は垂直に切り立った壁になっていて、巨大な泥岩のブロックが多数崩落していました。次に、亀裂の底をライトで照らしてみました。真っ暗な視界に浮かび上がってきたのは、なんとビニール袋やインスタント焼きそばの箱などが散乱している様子でした。このような深海にまでごみが流れついていることに乗員たちは驚きました。

しかし、それはまだ序の口だったのです。さらに亀裂の底を照らしていくと、とんでもないものが視界に飛び込んできて、彼らは思わず大声をあげました。なんとそれは、人間の首だったのです。

暗黒の深海底で、いきなりそんなものに遭遇したときの気持ちを想像できるでしょうか。なぜこんなところに人間の頭部があるのか？　絶景どころか、絶叫ものです。乗員たちはパニックになりかけました。

しかし、動揺を静めてよくよく見れば、それはマネキン人形の首だったのです（図１－５）。この絶叫体験をしたのは小川勇二郎（現筑波大学名誉教授）らの潜航チームでした。

翌１９９２年に、私は潜航研究者としてこの亀裂、いわば〝マネキン谷〟に潜り、小川らが遭遇したマネキンに会いました。しかしマネキンには、口まで堆積物がかかっていて、頭にはウミシダが付着していました。そして散乱していたビニール袋の類はもはや見当たりませんでした。１年の間に、環境が大きく変化したのです。それからさらに3年ほどがたった１９９５年にもう一度訪ねてみると、マネキンはもはや見つかりませんでした。堆積物に埋もれてしまったものと考えられました。最初に見つけてからほぼ4年間で、マネキンの首が隠れる20㎝ほどに堆積物がたまったのでしょう。ということは、水深６２００ｍの深海に、１年間で５㎝も積もるほど堆積物が流れ込んでいることになります。これはかなり強い流れといえます。

日本海溝の底層水の流れは、陸側斜面と海側斜面では逆になっていて、陸側では北から南へ、海側では南から北への流れであることが、ＪＡＭＳＴＥＣの満澤巨彦《みつざわきよひこ》の長期観測の結果からわかっています。南からの流れは、遠く南極からの底層水のようです。堆積物を〝マネキン谷〟へ運んでその首をうずめてしまったのも、南極からの流れと考えられます。しかし、これほど深い深

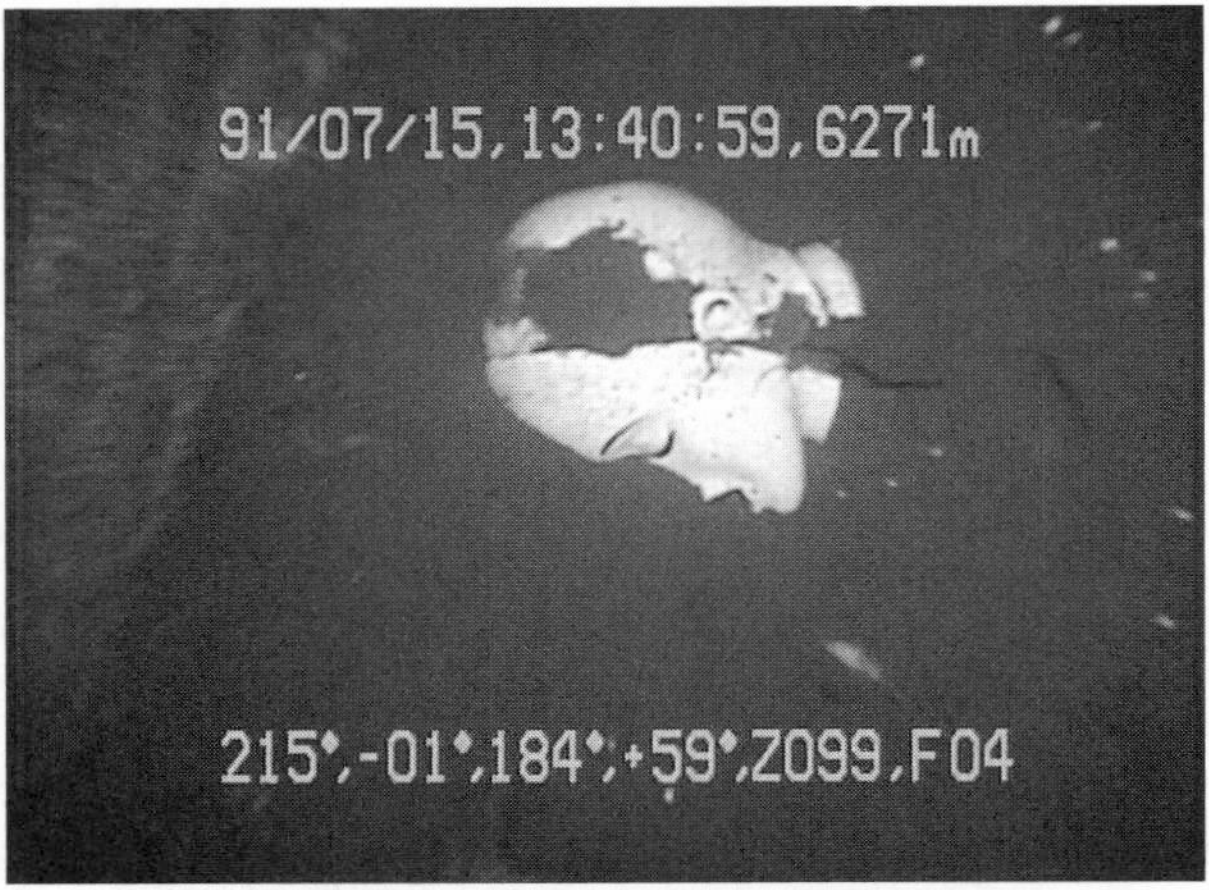

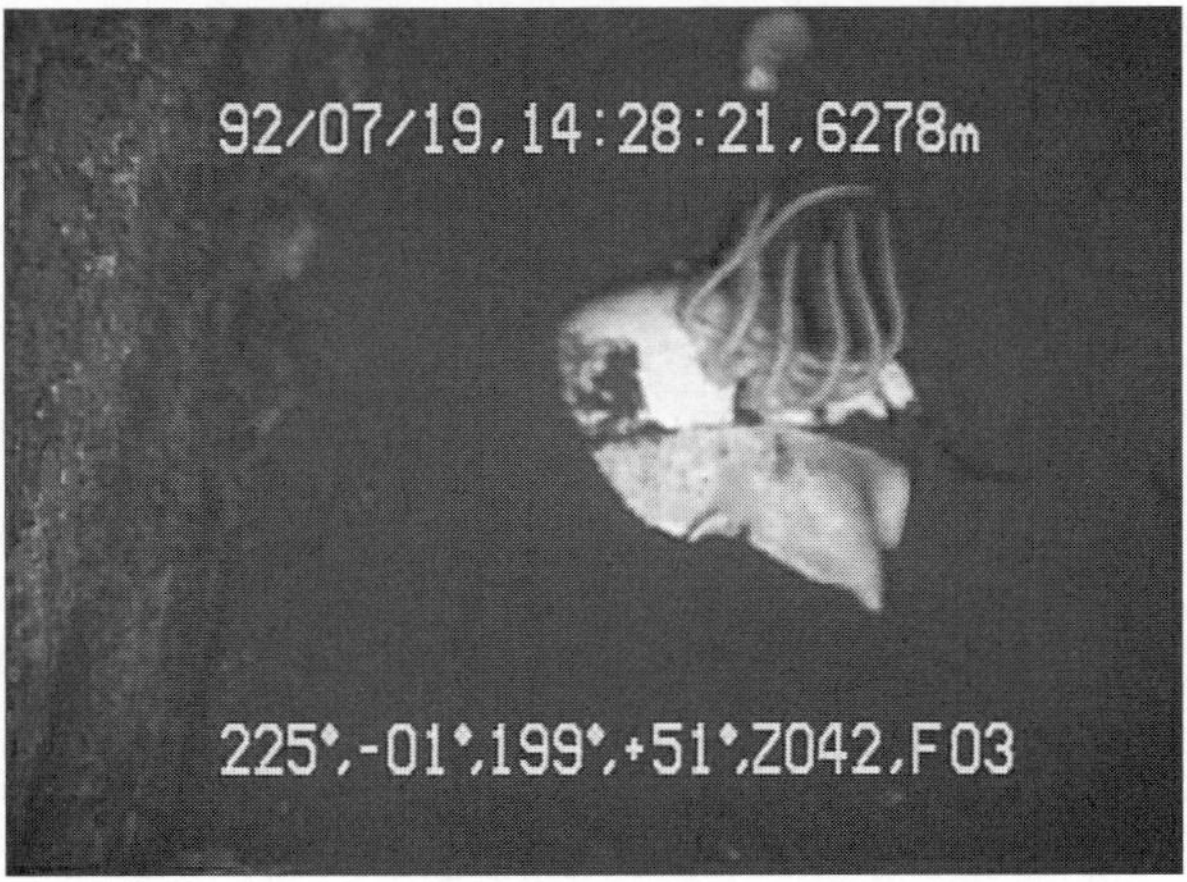

図1－5　日本海溝海側斜面で見つかったマネキンの首
上：1991年に初めて発見されたときの写真
下：1992年にはウミシダが付着していた
（上下とも©JAMSTEC）

海底の、すさまじい圧力がかかっている水にも、このような強い流れが起こっているというのは驚きでした。

もう一つ、マネキンが教えてくれたことがありました。このように小さな亀裂がどうしてできたのか、についてです。

私たちは、この場所が１９３３（昭和８）年の昭和三陸地震の震源のほぼ直上にあり、地震によって新しくこのような裂け目ができたのであろうと考えました。太平洋プレートが日本海溝に沈み込んでいくときにたわめられた結果、断層（正断層）が発生してできた海底の裂け目の一つであろうと。しかし、この考えは多くの地震研究者から反対にあい、認められませんでした。

ところが、マネキンの発見からちょうど20年後の２０１１年３月11日に起こった東北地方太平洋沖地震のあとに、日本海溝の震源海域に行ってみたところ、同じような小さな亀裂が見つかりました。このときの震源は陸側斜面でした。

その亀裂からは、大きなバクテリアマットも発見されました。バクテリアマットとは、バクテリアが大量に増殖して海底にマットのように分布したもので、海底が裂けて、裂け目に沿って海底下から化学物質が湧きだしているために、バクテリアが増えたものと考えられます。

このときから地震によってこのような亀裂ができると考える人が多くなり、20年前に見つかっていたこの〝マネキン谷〟も、昭和三陸地震によってできたものと考えられるようになったのです。新しい発見は往々にして、受け入れられるまでに長い年月を要するものです。

なぜこんなところにマネキンの首が流れ着いたのかは、おそらく永遠の謎でしょう。しかし、もし「しんかい６５００」での潜航が１９９５年よりあとだったら、このマネキンと出会うことはなく、いまお話ししたような深海底についての知見を得ることもできませんでした。そう思うと、まるであの首が、私たちが訪れるのを待っていてくれたような気もしてくるのです。

研究のターゲットは「巨大地震」

あらためて歴史を振り返ると、東北地方では日本海溝を震源とする地震が幾度となく起きています。明治以降でも、１８９６（明治29）年の明治三陸地震、１９３３（昭和８）年の昭和三陸地震から直近の２０１１年3月11日の東北地方太平洋沖地震まで、枚挙にいとまがありません（余談ですが宮沢賢治は明治三陸地震の年に生まれ、昭和三陸地震の年に没しています）。日本海溝が「地震の巣」であることを、まざまざと思い知らされます。

なかでも近現代日本が経験した最大の地震となったいわゆる「3・11」以後は、日本海溝の研究も新しい局面に入りました。すなわち、巨大地震にターゲットが絞られたのです。

「しんかい６５００」があげた成果としては、まず、さきほどもお話ししたように、「3・11」の地震発生直後の海底で、亀裂とバクテリアマットが見つかったことです。それは１９９１年に小川たちが見つけた〝マネキン谷〟をつくった亀裂と同じような裂け目であることがわかり、地震が海底地形にもたらす変化を追いかける手がかりを得ることができました。

そのほか、地滑りによる土石流やタービダイト（混濁流により深海に運ばれ堆積した陸性堆積物）が確認され、陸からの物質が海溝の最深部にまで運搬されていることが明らかにされました。そして音波探査によって、海溝の底の水深は、それらが運んだ堆積物がかさ上げすることで、地震の前より24ｍほども浅くなっていることもわかっています。

こうした「しんかい６５００」によってもたらされた手がかりを生かして、近年では地球深部探査船「ちきゅう」による大規模な日本海溝の掘削調査が行われ、より地震の正体に迫る研究が続けられています。水深約６９００ｍの深海からの掘削も可能になってきました。そうした成果が早く実を結び、やがて必ず来る次の巨大地震の被害が少しでも軽減されることを祈りつつ、そろそろ日本海溝を離れることにしましょう。

第二景　深海大平原

海底総面積の30%を占める大平原

日本海溝から抜け出すために、われわれはいま海溝の海側斜面を登っています。地塁・地溝だらけの道のりはがたがたしていますが、「ヴァーチャル・ブルー」は振動を吸収する特殊設計なので船酔いの心配もありません。

水深5000mくらいまで登りました。それでは、窓の外をご覧ください。平らな砂漠のようなものが、あたり一面に広がっています。ライトで照らせる範囲はわずかですが、暗くて見えないはるか先の先まで、平坦な地形がずっと続いているのです。陸上で平坦な大地形といえばタクラマカン砂漠やサハラ砂漠ですが、それらが逆立ちしてもかなわない、気が遠くなるほどの広さです。まさに深海の絶景ともいえます。

これが深海大平原です（図1‐6）。海底には、このような大平原が太平洋、大西洋、インド

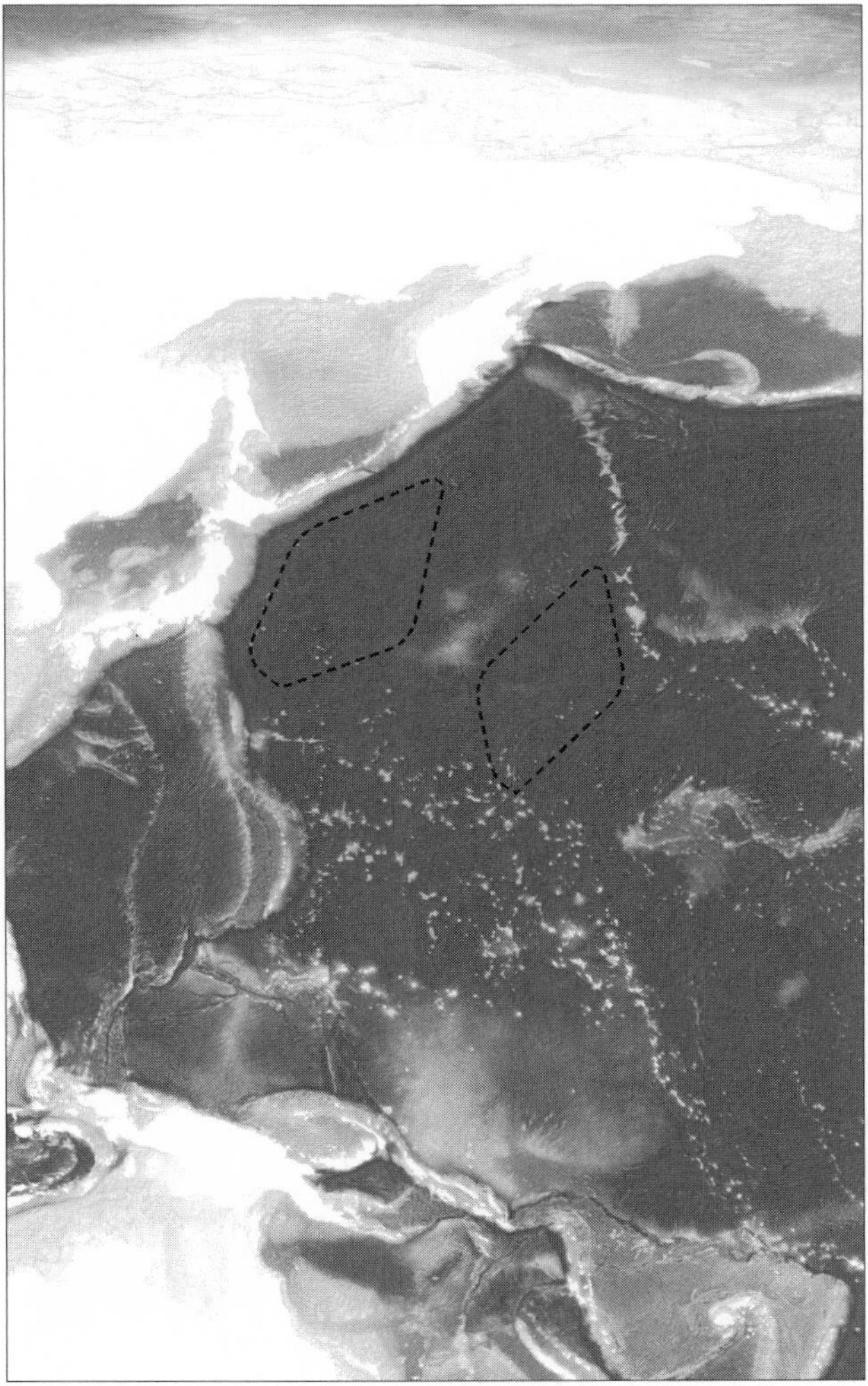

図1－6　太平洋の深海大平原
世界一周コースに入っている部分だけでも日本列島より広い

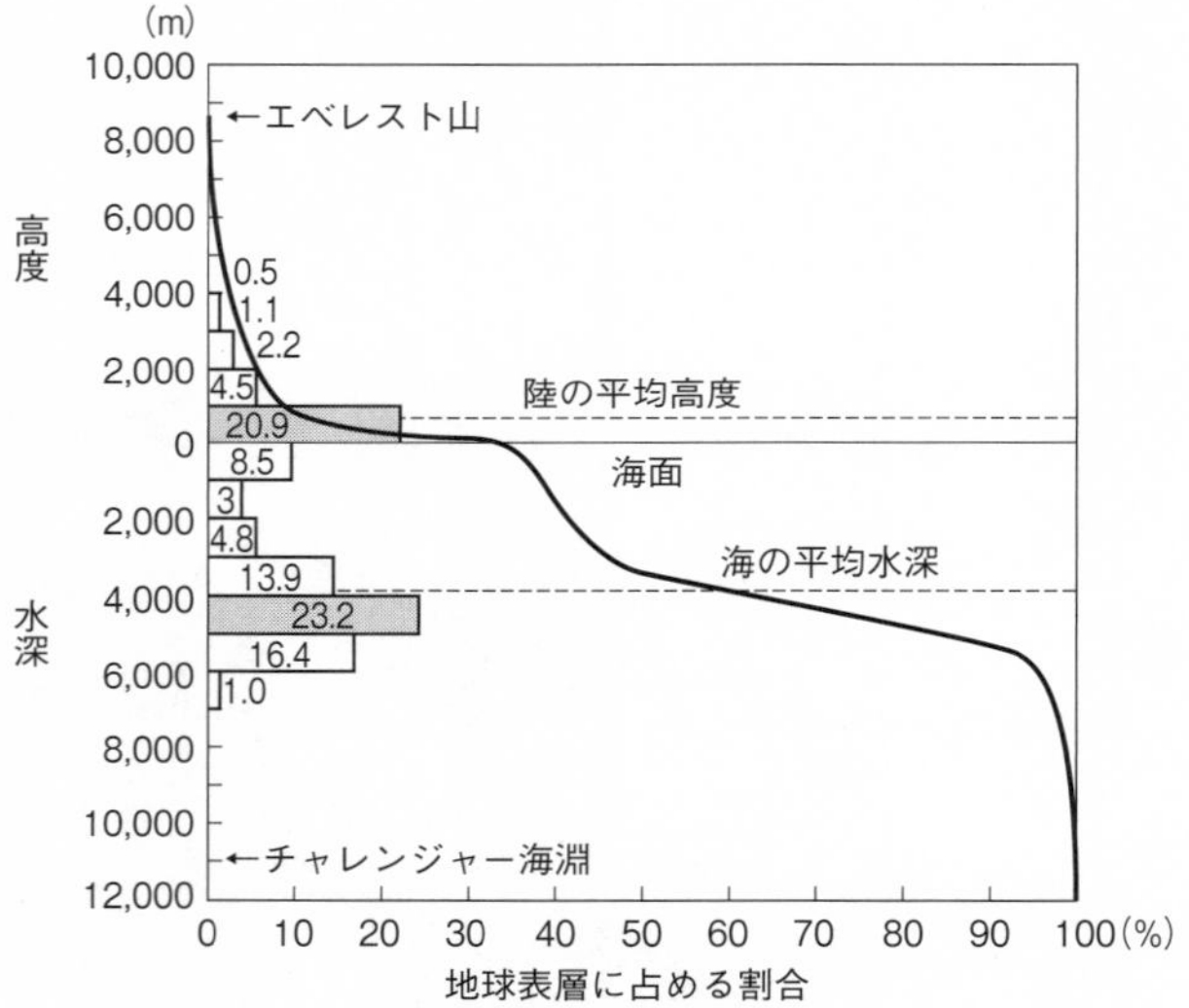

図1－7　ヒプソグラフ
陸と海に2つのピークがある

洋などにいくつも広がっています。その面積の合計は、海底の総面積の約30%を占めるという途方もなさです。

「ヒプソグラフ」というものをご存じでしょうか。地球の表層の凹凸がどうなっているかを大まかに把握するために、陸上は標高1000mごとに、海底は深さ1000mごとに分けて、それぞれの高さ、あるいは深さの面積が、地球の総面積に占める割合を示したものです（図1－7）。

　これを見ると、地球では陸上における標高0～1000mまでの面積（20・9%）と、海底における水深4000～5000mの面積（23・2%）が突出して多いことがわかります。そして海底のほうでは、水深4000～5000mに広がっている深海大平原の面積が、かなりの割合を占めていると考えられるのです。

このように、表層の凹凸がバイモーダル（二極性）な分布をしていることは、地球という惑星の大きな特徴でもあります。同じ太陽系の、同じように岩石でできている地球型惑星でも、金星はユニモーダル（一極）で、火星はマルチモーダル（多極）な分布をしています。バイモーダルな分布をしているのは地球だけです。そして、それぞれのピークが陸と海とをつくっています。いわば、二つのピークこそが地球を地球たらしめているのです。

大平原ができるわけ

それにしても、なぜこのようなとてつもない大平原ができたのでしょうか。そのしくみは次のようなものです。

たとえば太平洋では、海嶺で新しくできたプレートは、平均すると1年に約10㎝ほどの速度で海溝へ移動していきます。海溝に沈み込むまでの時間は、およそ1億2000万年です。この長い長い時間の間に、プレートの表面には莫大な量の堆積物がたまります。それがプレートの凹凸をすべてベールのように覆ってしまっているために、きわめて平坦な地形ができるのです。

では、いったいどのくらいの堆積物がたまっているのでしょう。深海の掘削調査によって、深海大平原の堆積物や、それを掘りぬいた下にある海洋プレートをつくっている玄武岩などが採取されています。日本海溝の海側斜面近くの平原では、堆積物が374m積もっていることがわかりました。もっと厚いところでは1000m以上もたまっています。当然ながら、年代の古いところのほうが厚くなります。

深海底のように陸から遠く離れた場所にたまる堆積物は、「遠洋性堆積物」と呼ばれる特徴的なものです。それは「軟泥」と「遠洋性粘土」からなっています。

軟泥とは、プランクトンの死骸が30%以上含まれる堆積物です。プランクトンの殻には石灰質のものと、珪質（二酸化ケイ素が主成分）のものがありますが、石灰質の殻をつくる炭酸カルシウムは、水深が深くなって「炭酸塩補償深度」と呼ばれる限界点を超えると、海水中に溶けだしてしまいます。したがって、炭酸塩補償深度を超えるほど深い深海には、石灰質軟泥は堆積しません。そのかわりに珪質軟泥や、遠洋性粘土が堆積します。遠洋性粘土とは、大陸から海に流れ込んだ塵（風塵や砂塵）が粘土になったものです。

大西洋は太平洋より浅いので、深海大平原には石灰質軟泥が多く堆積しています。一方、いま見ている太平洋の深海大平原では、珪質軟泥や遠洋性粘土が厚く積もっています。

じつは、深海大平原にはまだ人は誰も潜っていないと思われます。地形の落差がなく、堆積物がひたすら積もっているだけなので、生物は棲んでいないし、学術的な意義が小さいと考えられ、深海大平原をターゲットにした有人探査は試みられていないのです。われわれはいま、世界で初めて深海大平原を潜航した人類となりました（もちろんヴァーチャル潜航ですが）。

一度は、リアルに深海大平原に潜ってみたいものです。陸上の砂漠では強い風によって、砂丘やバルハン（三日月形砂丘）などの「砂の芸術」とでもいいたくなるような地形が見られますが、日本海溝のところでお話ししたように、深海でも水の流れはありますので、そういったものが深海大平原にもつくられているのかどうか。もしあったら、どれほどのスケールなのか。生きているうちに一目でいいから見てみたいものです。

「プチスポット」の発見

ところで、日本海溝の海側斜面の、われわれも登った地塁・地溝を抜けて深海大平原にさしかかるあたりで、地球科学的に大きな発見がありました。

太平洋プレートが1億数千万年かけてやってきて、日本海溝にこれから沈み込もうかという場所で、１９９７年、筑波大学の学生として無人潜水艇「かいこう」による調査に参加していた平野直人は、玄武岩を採取しました。その年代を測定したところ、驚くべきことに、たった６００万年前の新しいものでした。玄武岩はマグマをつくる石なので、これは、そこで火山活動があったことを物語っています。

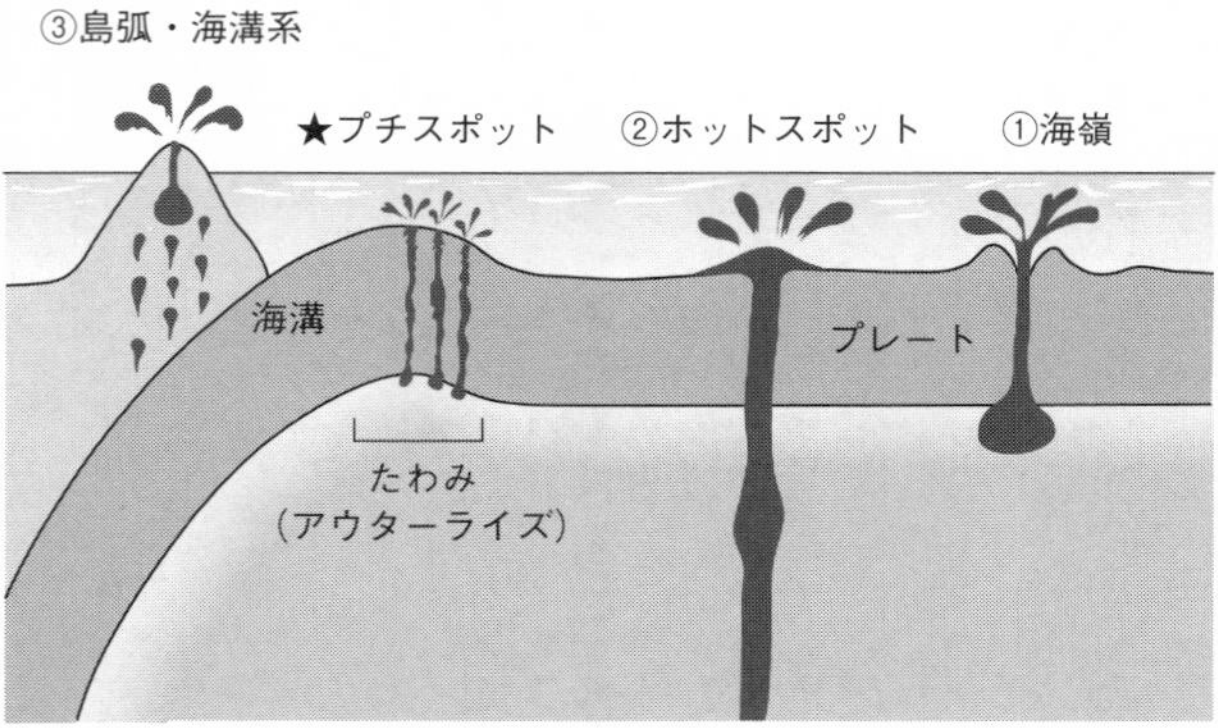

図1－8　火山ができるしくみ
①～③は従来知られていたもので★がプチスポット

古くて冷たい、とても〝火の気〟などありそうもないプレートの上に、なぜこんなに新しい玄武岩があるのか？　この謎を解くために平野は、６００万年分、プレートが逆戻りしたときに玄武岩が存在していた場所を割り出し、海底にバケツを降ろして岩石を採取するドレッジ調査や、音波探査などを数年にわたって繰り返しました。その結果、この玄武岩が生まれたであろうところに、長径１㎞ほど、高さ数百ｍという小さな火山が点在しているのを見つけたのです。そこは、深海大平原を移動してきた平らなプレートが、沈み込む前にたわみはじめる場所でした。

　このたわみ（アウターライズともいいます）のためにプレートに割れ目が生じたこと、そしてプレート直下のマントルの一部が融解してマグマになっていたことから、割れ目からマグマが地表（海底）に出てきたのであろうと平野は考え、これら点在する小さな火山を「プチスポット」と名づけました。

これまで、地球上で火山ができるメカニズムとしては、おもに次の三つが知られていました。

①深海底からマグマが上がってきてプレートをつくる海嶺
②深い場所のマントルが融けてプレートを突き抜けるホットスポット
③プレートが沈み込むことで陸側に火山ができる島弧―海溝系

しかし、プチスポットはそのどれにもあてはまりません。①と③はいうまでもないとして、②も、ホットスポットはプレートに関係なく火山が発生しますが、プチスポットはプレートのたわみが不可欠な点で異なります。かくしてプチスポットは、火山の「新種」すなわち「第４の火山」として、既存の三つと肩を並べることになりました（図１-８）。

その後、プチスポットは日本海溝近辺だけでなく、世界のさまざまな海溝の海側斜面近くで見つかっています。なんの変化もないように思える深海大平原も、端っこでは火を噴いていることがあるのです。

第三景　シャッキー海台

おそるべし、深海の「台地」

誰も潜ったことのない深海大平原をひたすら進み、世界一周の旅を続けましょう。次なる絶景は、日本列島の東方1500㎞ほどの場所にあります。何もない何もないと私が言いつづけた深海大平原に、いま突如、巨大な地形の盛り上がりが姿を現しました。これがシャツキー海台、あるいはシャツキーライズとも呼ばれる海台です（図1－9）。

海台とは、海の中にある台地のことで、陸の台地と同じように、頂上が平坦な地面の高まりです。英語では「Plateau」と表記しますが、これは「台地」という意味です。

日本に住んでいる私たちが「台地」と聞いて思い出すのは、小学校の社会科でも習う九州のシラス台地や関東の武蔵野台地、中国地方の秋吉台などでしょう。多くは火山灰が積もったり、扇状地が盛り上がったり、石灰岩が堆積したりしてできたもの（カルスト台地といいます）で、地

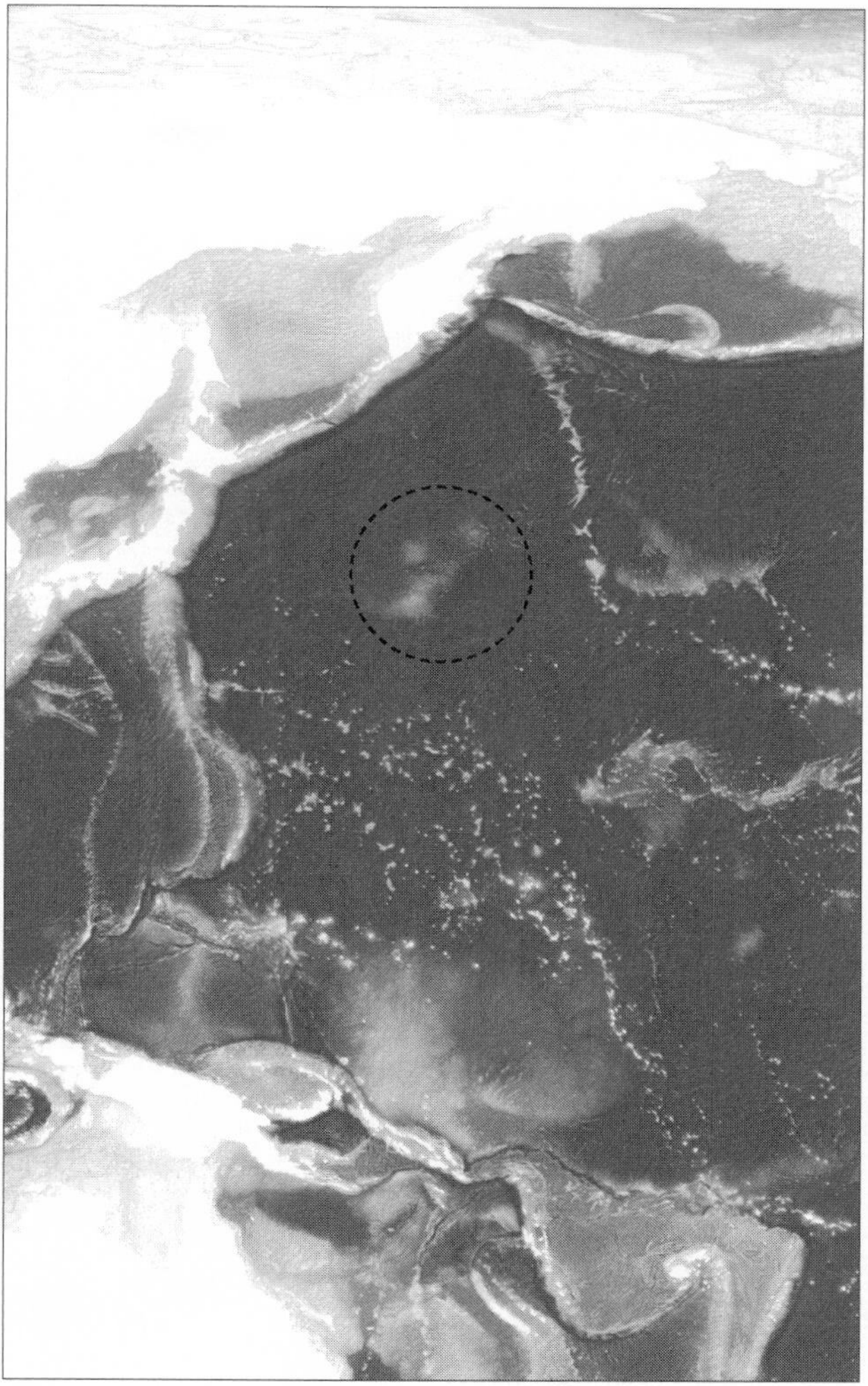

図1－9　シャツキー海台
総面積は日本列島より広く、海底からの比高は富士山の約1.4倍

表からの高さは十数ｍから、最大で１００ｍほどです。総面積は、日本最大級のカルスト台地である秋吉台で、１３０㎢ほどの広さです。

これに対して、海の台地である海台には、大きさの基準があります。面積が１００㎢以上あり、底部と頂部の比高、すなわち高さが２００ｍ以上の、頂上が平坦な隆起部とされています。ただし頂上の形状については、かつては平坦とみられていたものが観測技術の進歩によってそうでもないとわかったものもあるのですが、それらも海台に含められています。陸の最大級の台地より2倍以上も高いものが、海の台地の最小クラスというわけです。

では、シャツキー海台の大きさはどれだけかといえば、総面積は約46万㎢！　日本列島の総面積が約37万㎢ですから、それ以上です。そして海底からの高さは、最も高いところで約５３００ｍ！　日本列島よりも広く、最大で富士山のほぼ１・４倍も高い「台地」が、大平原の中に鎮座しているのです。その光景の全容は、いくらヴァーチャル潜航といえどもお見せすることは不可能です。もしも海の水を全部抜いて、上空から眺めることができたらどんなに壮観でしょう。

スーパープルームとは何か

このような巨大海台は、いったいどうしてできたのでしょうか。近年の調査によってわかってきたのは以下のようなことです。

ジュラ紀後期から白亜紀初期（1億5000万〜1億3000万年前）のころ、つまり、いま日本海溝に沈み込みつつある太平洋プレートが生まれたばかりのころ、この場所でとてつもない地球科学的現象が起こりました。地下深くから上昇してきたスーパーホットプルームという巨大な〝火の煙〟が莫大な量のマグマを生みだし、海底にとめどなく噴出させたのです。

ここで、スーパーホットプルームとは何かを、地球の構造についても少し説明しながらお話ししておきましょう。

地球はちょうど、半熟のゆで卵のように三つの大きな構造からなっています（図1‐10）。外側から地殻（卵の殻）、マントル（白身）、そして核（黄身）です。

地殻とマントルの境界は地下70kmほどのところにあり、発見者モホロビチッチにちなんで「モホロビチッチ不連続面」と呼ばれています。マントルと核の境界は地下2900km付近にあり、「グーテンベルク不連続面」と呼ばれています。さらに核は外核と内核に分かれていて、その境界は地下5100km付近にあり、「レーマン不連続面」と呼ばれています。これらのうち、外核だけが流体で、それ以外はすべて固体です。黄身の外側だけが液体というわけで、実際にこのように卵をゆでるのはかなり難しいクッキングでしょう。

そしてプレートとは、少しややこしいのですが、地殻とマントルの上部をあわせたもののことです。プレートについてはあとでまたくわしくお話しすることにして、ここでは先を急ぎます。

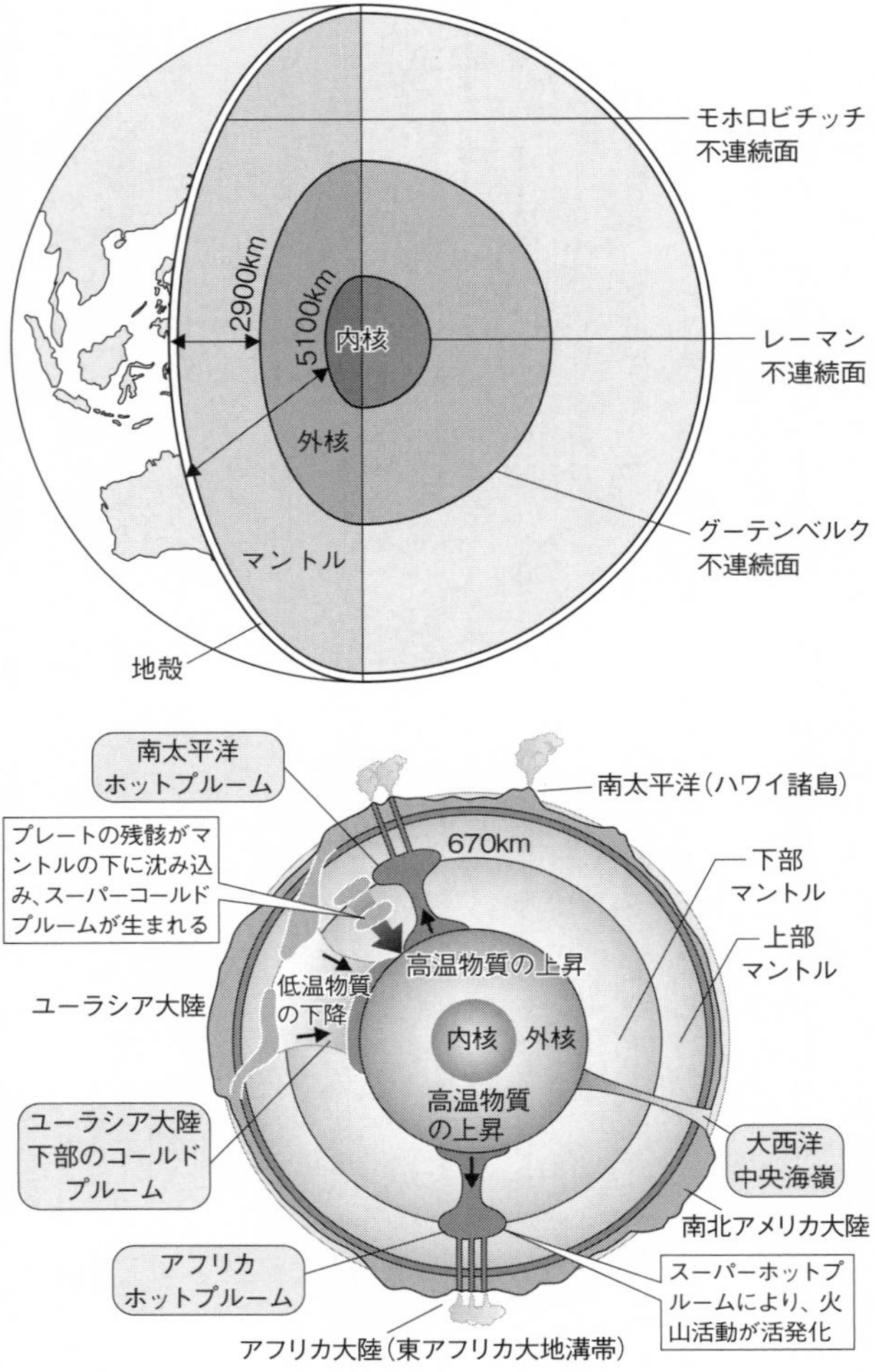
モホロビチッチ
不連続面
2900km
5100km
内核
レーマン
不連続面
外核
グーテンベルク
不連続面
マントル
地殻
南太平洋
ホットプルーム
南太平洋（ハワイ諸島）
プレートの残骸がマントルの下に沈み込み、スーパーコールドプルームが生まれる
670km
下部
マントル
上部
マントル
高温物質の上昇
ユーラシア大陸
低温物質の下降
内核
外核
高温物質
の上昇
ユーラシア大陸
下部のコールド
プルーム
大西洋
中央海嶺
南北アメリカ大陸
アフリカ
ホットプルーム
スーパーホットプルームにより、火山活動が活発化
アフリカ大陸（東アフリカ大地溝帯）

図１－10　地球の構造（上）とプルームテクトニクス（下）

白身にあたるマントルは、昔は均質だと思われていましたが、そうではないことがわかってきました。地震のときに地球内部に発生する地震波の伝わり方を調べ、トモグラフィーという地球のＣＴスキャンのような断層写真をつくってみると、マントルには温度の高いところと、低いところがあることがわかったのです。

そして、温度が高いところでは地下２９００㎞のグーテンベルク面（マントルと核の境界）あたりから、熱いマントルがまるで煙のような、もわーっとした形をして立ち昇っていることがわかりました。逆に、温度が低いところでは、マントルがモホロビッチ不連続面から下の下部マントルのほうへ、下降していることもわかりました。煙を「プルーム」ということから、煙のように上昇した熱いマントルを「ホットプルーム」、下降したマントルを「コールドプルーム」と呼んでいます。なお、プルームは液体のように思われがちですが、じつは固体です。

これら温度の違うプルームが、マントルの中で循環し、構造的な運動を繰り返しているというのが「プルームテクトニクス」と呼ばれている考え方です。プルームテクトニクスは１９９４年に、当時、名古屋大学にいた丸山茂徳《しげのり》、深尾良夫、大林政行によって提唱されましたが、まだ定説にはなっていません。

ところで、ホットプルームもコールドプルームも、通常は地下６７０㎞あたりまでしか動きません。つまり、ホットプルームが上昇するのは地下６７０㎞までで、コールドプルームが下降するのは地下670㎞からです。このラインは何かといえば、上部マントルと下部マントルの境界です。マントルは固体ですが、上部マントルは硬いのに対し、下部マントルは軟らかく流動的なのです。

ところが、プルームの大規模なものは、670㎞ラインを突破して上昇、あるいは下降します。これが「スーパープルーム」と呼ばれているものです。こうして、それぞれスーパーホットプルーム、スーパーコールドプルームとなるわけです。

670㎞ラインを突破したスーパーホットプルームが地表近くにまで上昇すると、かかっている圧力が下がるために固体のプルームは融解して、液体のマグマが大量にできます。これがプレートを突き破って地表（深海の場合は海底）に噴出し、膨大な溶岩をもたらします。海台などの巨大地形はこのようにしてつくられたのです。

上には上がある

スーパーホットプルームによってできた地形は海にも陸にもたくさんあります。たとえば陸上ではインドのデカン高原もその一つです。ただし英語では「Deccan Plateau」と表記しますので、「高原」よりは、やはり「台地」と呼ぶべきかもしれません。総面積は50万㎢と、シャツキー海台とほぼ同じですが、積み重なった溶岩の厚みは最大で約2000mと、シャツキー海台の最大の高さである約５３００ｍには及びません（もちろん、それでも巨大なのですが）。

このデカン高原ができるとき、スーパーホットプルームの上昇にともなうマグマがじつに3万年も噴き出しつづけました。そのため、この地域にいた生物たちは恐竜までも絶滅したともいわれています。おそるべきマグマの洪水です。実際に、デカン高原やシャツキー海台のように大量のマグマからなる溶岩（玄武岩）でできた地形を「洪水玄武岩」と呼んでいます。

気象庁のホームページによれば、富士山の体積は約４００㎦とのことですが、デカン高原で噴出した溶岩の総体積は、富士山の体積１００個分ともいわれています。すると、シャツキー海台では、いったいどれだけの溶岩が出たのでしょうか。

しかし、じつは上には上があるのです。シャツキー海台は世界で2番目に大きな海台です。世界一大きな海台は、今回の世界一周ルートには入っていませんが、南太平洋にあるオントンジャワ海台です（図1-11）。シャツキー海台ができてすぐあとの1億２５００万〜1億２０００万年前に、やはりスーパーホットプルームによってできたもので、その総面積たるや約１９００万㎢と、日本列島の5倍に相当します。そして噴出したマグマの総量は、８０００万㎦にものぼったと考えられています。なんと、富士山20万個分です！

こうしてみると、日本の「台地」がいかにもかわいらしく思えてきますが、日本ではスーパーホットプルームにともなう地殻変動は日本列島が中国大陸から分かれて以来、起こっていません

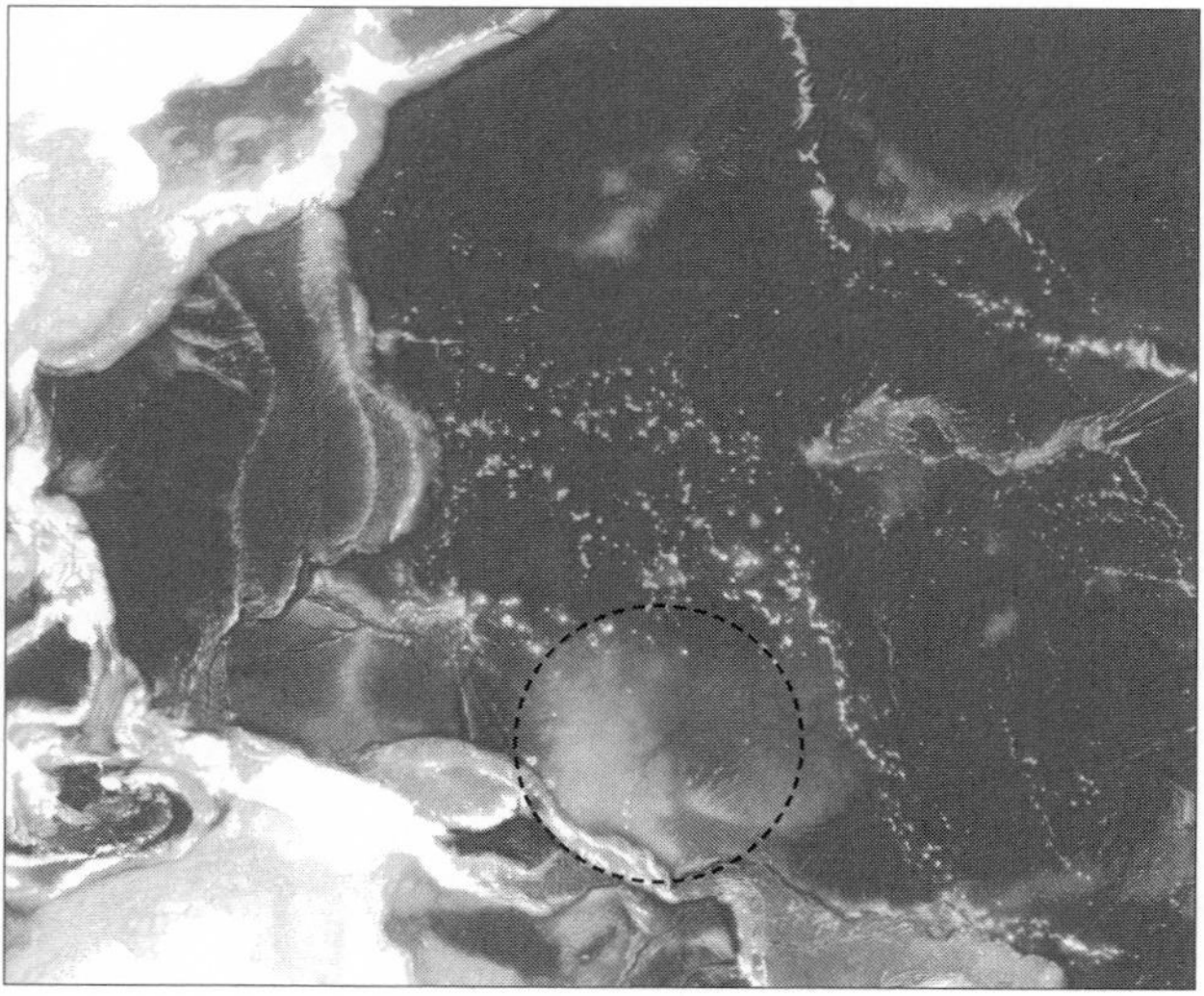

図1－11　オントンジャワ海台
富士山約20万個分のマグマからできた、まさに台地の化け物

ので、「Plateau」（＝台地）というものの概念が違っているのも致し方ありません。むしろ、そんな現象がこれまで起きなかったことに感謝すべきでしょう。

シャツキー海台は火山の複合体だった

さて、このようにとりつく島もないほど巨大な海台に対しては、なかなか人間の調査の手も及びませんでしたが、近年では音波探査や深海掘削によって、シャツキー海台の構造も少しずつ明らかにされてきました。

その大きな成果としては、シャツキー海台の頂上部には、おもに三つのピーク（山塊）があるのがわかったことです。それぞれには、「タム」（TAMU：Texas A & M University の頭文字）、「オリ」（ORI：Ocean Research Institute, University of Tokyo の頭文字）、「シルショフ」（Shirshov）と、この調査に共同であたったアメリカ、日本、ロシアの研究機関の名がつけられています。これら三つのピークがあることから、シャツキー海台をつくったスーパーホットプルームは、地下から三つに枝分かれして上昇してきたことがわかりました。これはプルームというものの挙動を知るうえで重要な発見でした。そして、シャツキー海台とは、いわば三つの火山の複合体であるとみなせると考えられるようになりました。今後も海台の研究は、このように世界的な規模で進められていくでしょう。

ところで、ひとつ気になる情報があります。地震波トモグラフィーによれば、フレンチポリネシアと東アフリカの地下に現在、スーパーホットプルームが迫っているというのです。もしも、それらにともなう大量の溶岩噴出が起これば、人類にとって初めて目の当たりにする現象です。恐竜さえ絶滅させたといわれるマグマの洪水が現実のものとなれば、いったいどのようなことが起こるのでしょうか。さすがにそれだけは、私が生きているうちに見たくはないものですが。

第四景　ハワイ諸島ホットスポット

ハワイアンアーチに迎えられて

台地の〝化け物〟ともいうべきシャッキー海台を通過し、また何もなくなった深海大平原を、「ヴァーチャル・ブルー」は潜航しています。

前方に、通せんぼをするように小高い高まりが横に長く続いているのが見えてきました。高さは100mほどでしょうか。かまわず登ってみましょう。登りきると、今度はすぐに、急な下りになりました。この高まりは長い屏風《びょうぶ》のようなものだったようです。下りるとまた、目の前に急な登り斜面が現れます。これが、次の目的地であるハワイ諸島です（図1‐12）。

じつはハワイ諸島は、海底ではこうした屏風のような地形によって周囲を取り囲まれています。これを「ハワイアンアーチ」と呼んでいます。聞くだけで楽しくなってくる名前です。深海からハワイを訪ねると、まず、このアーチがお出迎えをしてくれるというわけです（もっとも、

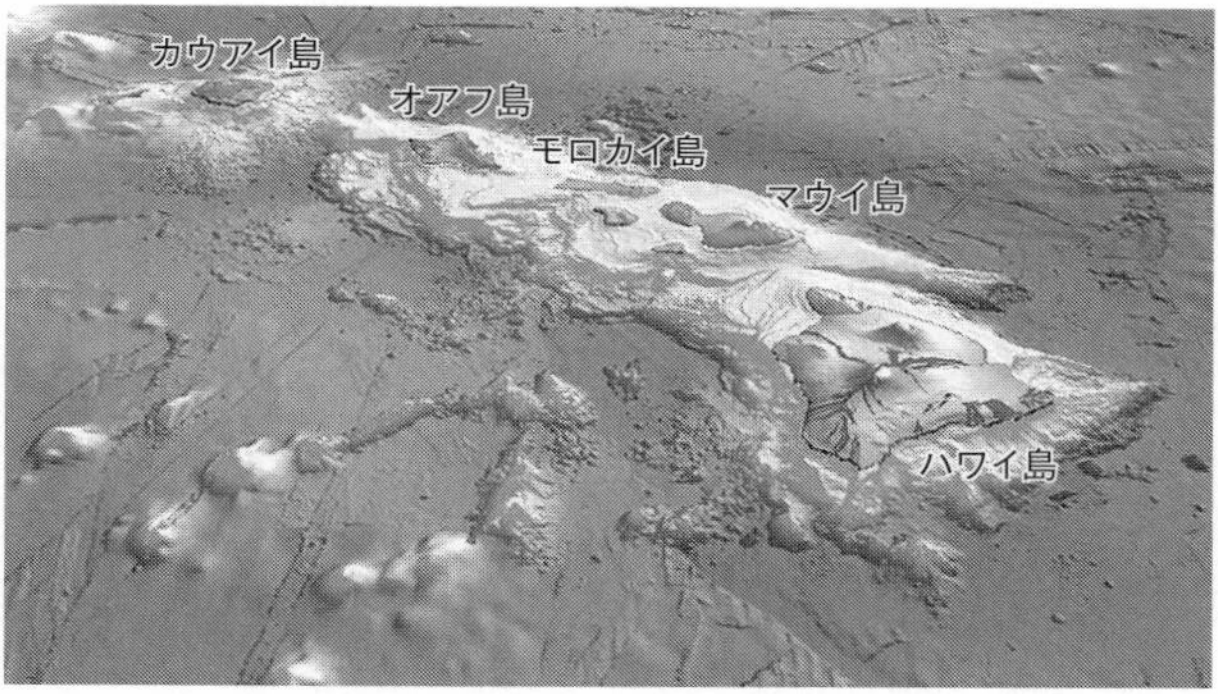

図１－12　ハワイ諸島
火山の栄枯盛衰を目の当たりにできる島々

アーチというよりは、上から見ればリングと呼ぶほうがイメージに近い気もしますが）。ハワイアンアーチができるしくみについては、のちほどまた説明しましょう。

第○景のコース説明のところでお約束したとおり、ここで少し船を降りて、休憩することにしましょう。みなさんもそろそろ陸地が恋しくなってきたころかと思います。

では、目の前の急斜面を４０００ｍほど、一気に登ります。実際の潜水調査船は母船に引き揚げてもらう必要がありますが、そこは「ヴァーチャル・ブルー」の強みです。いま、われわれはハワイ島東海岸の、島で最大の街ヒロの港から上陸しました。やはり「常夏の楽園」、外に出るだけで汗ばんできます。では少しの間、自由行動としましょう。

「ハワイ名物」ホットスポット

さて、みなさん戻られたところで、これから車で、ハワイ島最大の名所までご案内します。その間に、また少し思い出話をさせてください。

私は1986年に、ハワイ周辺の海底調査のために調査船「白鳳丸《はくほう》」に乗ってハワイ島に来ました。このヒロの港に停泊した船の中でくつろいでいたある夜、「噴火が起こった」というアナウンスが全島にもたらされました。ヒロには世界一活発な火山ともいわれるキラウエア火山があります。すでに風呂に入って酒を飲んでいた私は面倒くさいのでやりすごしていたのですが、何人かの研究者は車を飛ばして見に行きました。そして数時間ほどで戻ってきて、撮影したビデオの上映会を始めました。

真っ暗な中で、かなり遠くのほうに、赤い火柱のようなマグマがときどき噴水のように噴き上がっているのが写っていました。これは火山噴火の中でもスパッターと呼ばれる現象で、そのときのスパッターはきわめて小さなものに思われました。ところが、このキラウエアの噴火は、その後、なんと現在も続いているのです。

さて、ハワイ火山国立公園の中の、ハワイ州道にある「溶岩流見学場所」とされている地点に着きました。ここからは2017年まで、キラウエアから流れ出した溶岩を至近距離で見ることができました。ハワイの火山から出るマグマは非常に粘性が低く、さらさらしているため爆発力が小さく、かなり近づいても安全なのです（それでも住宅損壊などの被害が起きたことはありましたが）。流れる速さは人が歩く速度くらいです。

しかし、ご覧のように、現在も噴煙は吐きつづけていますが、残念ながら、2018年にマグマの流出は止まってしまい、いまは見ることはできません。一時はマグマが噴き上がるのが見えた溶岩湖も、いまは干上《ひあ》がっています。とはいえ、1980年代の噴火以来、じつに30年以上もマグマを流しつづけたのですから驚きです。

このように大量のマグマを噴き出しつづける場所が「ホットスポット」です。最近では放射線が強い場所や犯罪多発地区など、さまざまな意味で使われるようになった言葉ですが、本来は地球科学の用語でしょう。ホットスポットは、いまわれわれが立っている場所の地下200kmほどのところにあります。そのあたりの深さのマントルには融けやすい部分があって、ちょっとした温度の上昇や圧力の低下などによって、大量のマグマがつくられるのです。ホットスポットとはまさに、「熱い」マグマがつくられる「点」なのです。

ホットスポットでできた大量のマグマは、上にあるプレートを突き破って地表（海底）に噴き出し、大きな地形をつくります。地球上ではハワイ諸島のほか、ガラパゴス諸島やアイスランド、レユニオン島など、20ヵ所ほどが知られています。じつはさきほど見てきたシャツキー海台も、そしてオントンジャワ海台も、超巨大ホットスポットによってつくられたものといえるのです。陸上でもアメリカのイエローストーン公園はホットスポットと考えられていますが、最近、この地下のマグマが活発になってきていて、大量に地表へ出てくるのではないかと危惧されています。

ハワイのホットスポットでは、約4000mの海底から、おもに玄武岩でできた溶岩をひたすら噴き出しては積み重ねて、海底火山がつくられました。海底火山はさらに成長して、ついに海面すれすれにまで顔を出し、そこからは、高温のマグマと海面の接触による水蒸気爆発を何度も起こしては山体が吹き飛ぶという〝産みの苦しみ〟を経て、ようやく火山島となりました。その後も噴火を繰り返して陸上に溶岩を積み重ねて、このキラウエアほか、五つの火山からなるハワイ島ができあがったのです。それらの火山の中でも標高4169mにまで成長したマウナ・ロアは、海底から数えると1万7000m以上もの高さになる地球上で最大の火山です。

火山島はこのように膨大な溶岩の塊であるため、その自重によって、海底に少し沈みます。このとき、島の周囲に溝状の窪みができます。これをモートといいます。そしてモートの周囲では、沈んだ分だけ海底が盛り上がり、外壁のように島の周囲を取り囲みます。これがさきほど、われわれを出迎えてくれたハワイアンアーチです。このアーチからはマグマの噴出が見られ、新しいタイプの火山活動と考えられています。

プレートテクトニクスの〝生き証人〟

ところで、ハワイのホットスポットにはよく知られた面白い特徴があります。さきほどの図1－12を見ればわかるように、ハワイ諸島はここハワイ島から、マウイ島、モロカイ島、オアフ島、カウアイ島と、火山島が北西方向にほぼ直線状に並んでいるのです。では、どうしてこのような姿をしているのか、ご存じでしょうか。

ここで、プレートが重要な意味をもってきます。シャツキー海台のところで少しお話ししたように、ゆで卵の白身に相当するマントルは上部と下部の2層に分かれていて、上部は硬く、下部は軟らかいのです。そしてプレートとは、卵の殻に相当する地殻と、マントルの上部とを合わせたもののことをいいます。その下面で接している下部マントルは軟らかいので、プレートはその上を滑らかに移動します。

プレートの厚さは最大で100㎞ほどです。地下200㎞ほどのところにあるホットスポットから上昇するマグマは、下部マントルまではいつも同じ道を通りますが、上部マントルに達すると、プレートはつねに移動しているので、次々と新しいところを打ち抜くことになります。そのため、プレートにはマグマの出口が連続的な点となって並び、それらが飛び飛びの直線状に並ぶ火山島となるのです。（図1－13）

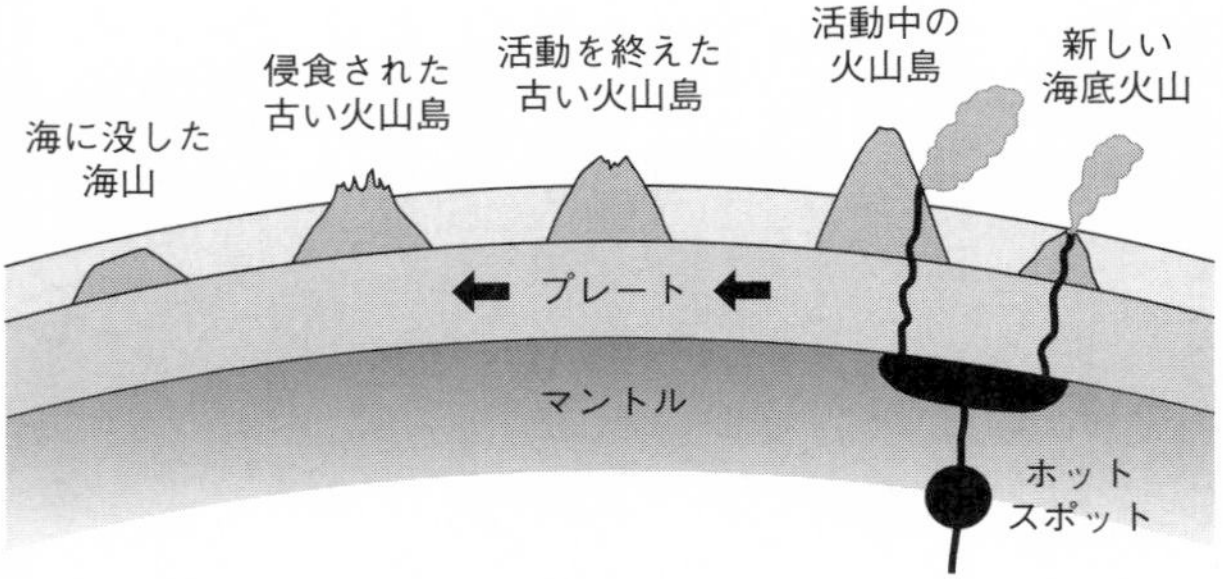

図1－13　ホットスポットのしくみ
ホットスポットの上をベルトコンベアのようにプレートが動いているため、次々に新しい火山が生まれる

火山島の列が並ぶ方向は、プレートが移動する向きを表しています。年代が最も新しいハワイ島から、古くなっていく北西方向に、太平洋プレートは移動していきます。古い島ほど先へ進むと考えれば難しくないでしょう。ホットスポットは、いわばプレートテクトニクスの存在を証明する〝生き証人〟でもあるのです。

さて、ハワイ諸島のさらに北西には、活動が止まって冷えて重くなり、沈降した火山島が海中にとどまった海底火山（これを海山といいます）の列が、やはり直線状に続きます。これはハワイ海山列と呼ばれています。ところが、この海山列はあるところで急に折れ曲がり、北北西へ向きを変えてカムチャッカ半島のほうまで延びています。これを天皇海山列といい、それぞれの海山には、桓武、雄略、仁徳、推古、天智などと、何人かの日本の天皇の名前がつけられています（図1－14）。命名したのは海洋底拡大説を提唱した一人、ロバート・ディーツで、彼は日本の地質学者の真摯な研究姿勢に敬意をもっていたようです。いちばん北、つまりいちばん古い海山は明治海山で、年代は7000万年ほど前です。ハワイ諸島から天皇海山列まで、同じホットスポットからのマグマによってつくられた火山島や海山がこれだけ続いているのです。いったいどれだけのマグマが出たのかと考えると、言葉を失います。

ところで、ハワイ海山列が天皇海山列で急に向きを変えているのは、プレートが移動する方向が変わったためと従来は考えられていました。しかし最近になって、不動のものと思われていたホットスポット自体の位置が変わったためであるという考えも出てきて、それこそホットな議論となっています。ホットスポットについては、まだまだわからないことばかりです。

崩れゆく火山島

1999年に、「しんかい6500」によってハワイのホットスポット周辺の海底調査が行われました。このときに、さきほどお話ししたハワイアンアーチの火山活動のほか、大規模な斜面の崩壊や、巨大な地滑りの痕跡が見つかりました。じつはホットスポットは、火山島や海山が生まれる場所であるとともに、それらが次々と崩壊していく場所でもあるのです。

ホットスポットがつくった火山島や海山は、プレートが移動してホットスポットから遠ざかれ

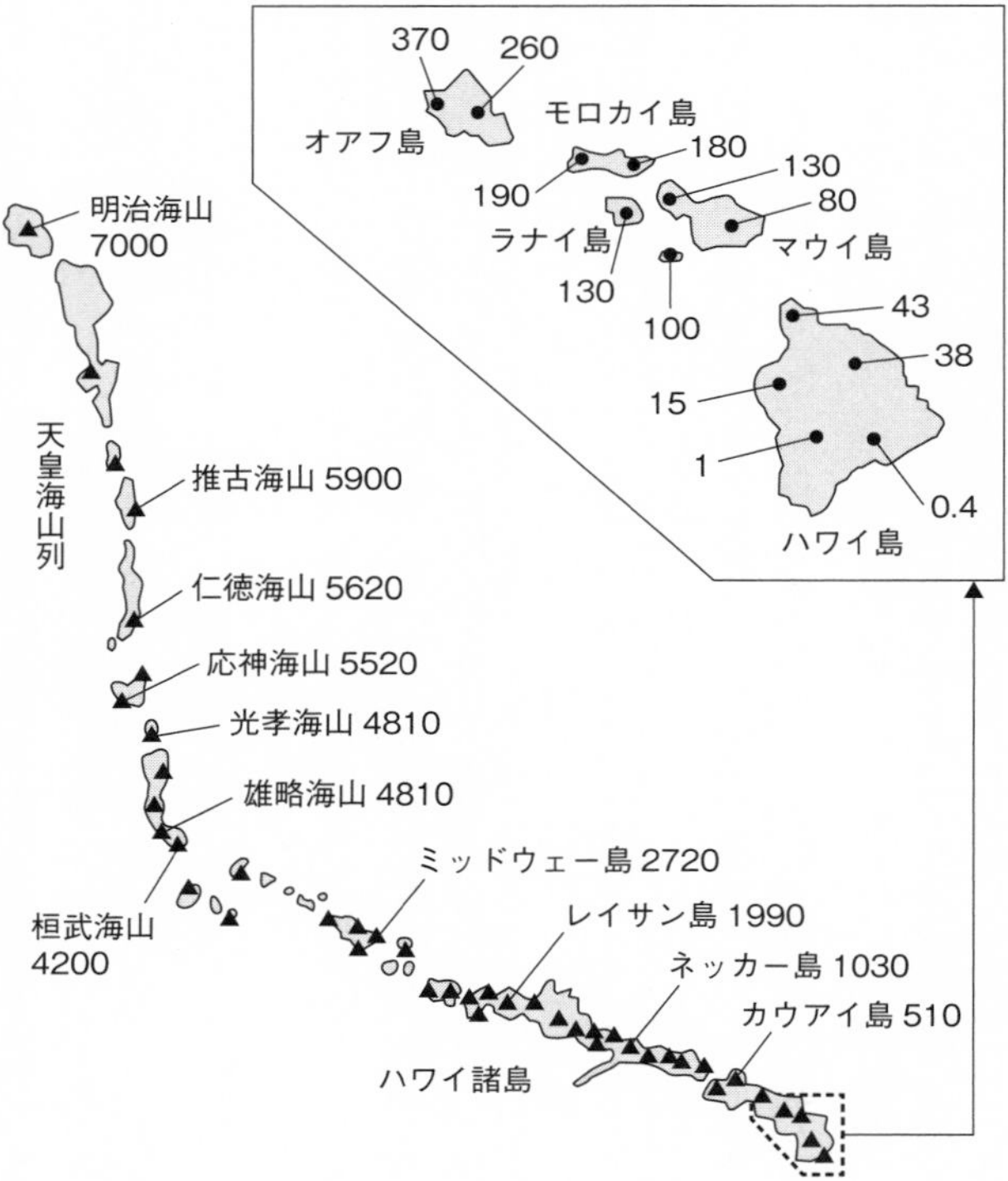

図1－14　天皇海山列
数字はそれぞれの火山ができた年代（単位は万年前）

ば、マグマの供給が途絶えます。すると、あとは海水によって冷やされるばかりとなります。冷えた溶岩には「節理《せつり》」と呼ばれる規則的な形をした割れ目がたくさんできて、そこから海水が入り込むと岩石は変質しはじめ、やがて崩壊が起こります。とくにハワイ諸島の火山は、ホットスポットからの大量のマグマによって短期間につくられるため、重力的には不安定な状態です。したがって、ひとたび崩壊が起こると巨大な地滑りや土石流などを引き起こすのです。

なかでも、オアフ島のヌウアヌウというところで150万年前に発生した「ヌウアヌウスライド」と呼ばれる地滑りでは、なんと約5000km³もの土砂が200kmほども崩落し、オアフ島の東半分がなくなってしまいました。ブロック状となった土砂は、オアフ島周囲の深海底に100km以上にわたってまき散らされたといいます。なかには長さがなんと20km以上のブロックもあって、「タスカロラ」という名前がつけられています。これらのブロックが仮に全部もとへ戻ったところをシミュレーションしたところ、かつてオアフ島の東にもう一つ、別の島があったこともわかりました。

ハワイ島でも、東海岸のヒリナで1975年に有名な「ヒリナ地滑り」が起きています。地震によって地殻が著しく沈下（スランプ）し、大量の岩石が海中になだれ込んだために地表に馬蹄形の大きな空洞が残されました（図1-15）。このとき、大きな津波が発生し、それはなんと日本にもやってきた可能性があります。ハワイから日本列島までの太平洋には、津波を遮るような

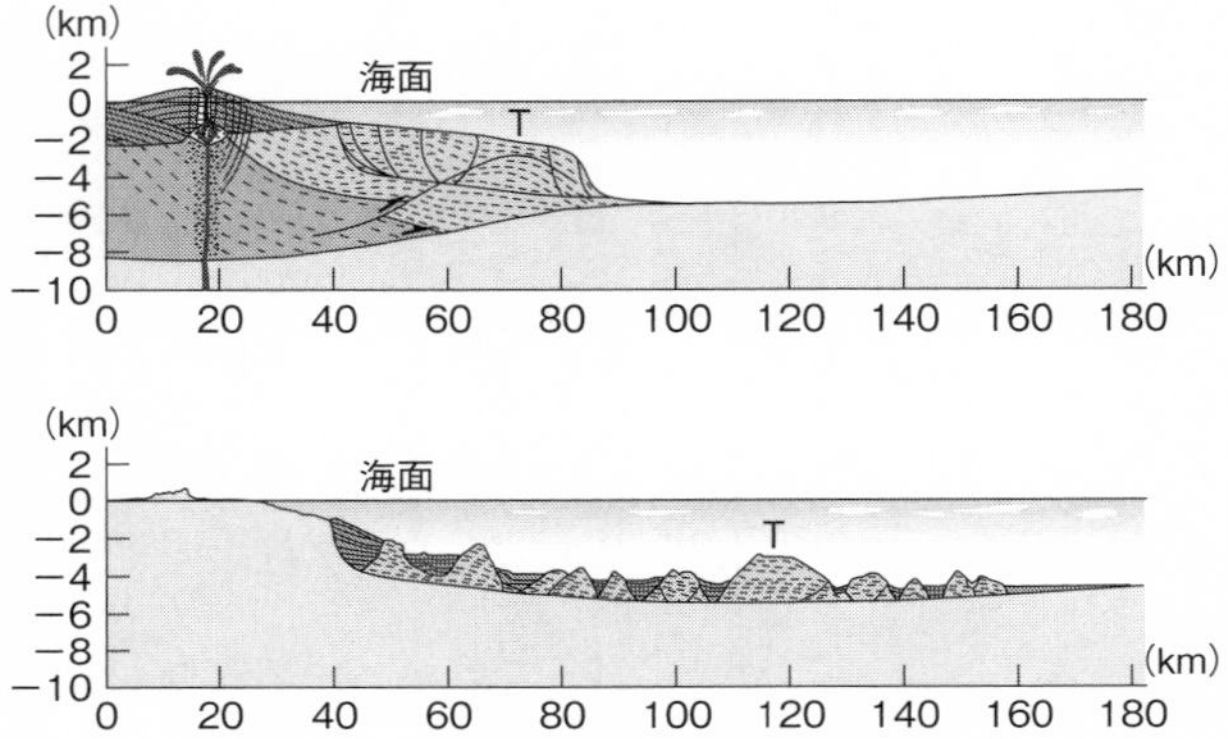

図１－15　ヒリナ地滑りの前後の地形
上：地滑り前　下：地滑り後

大陸も島もないからです。

地震学者の佐竹健治は、アメリカ西海岸のカスケードで１７００年に起こった津波が日本の沿岸に大きな被害を与えたことを文献から発見しています。チャールズ・ダーウィンが南米で遭遇した地震から２年後の１８３７年に、バルディビアで起こった大津波が三陸に来ていたことも調べられていますし、１９６０年に日本に大きな被害を与えたチリ津波も同様です。それほど日本は津波をかぶりやすいのです。

さて、このときのヒリナ地滑りは地震による崩壊でしたが、ハワイ島では「老化現象」による崩壊も近づいています。ホットスポットのマグマはもはや、ハワイ諸島で最も若いこの島を離れ、その南東にあるロイヒ海山へ移りつつあるのです。ここキラウエアのマグマが止まったのも、おそらくはそのせいでしょう。地質学的な時間スケールでみれば、ハワイ島の崩壊も時間の問題なのです。

ハワイのホットスポットは、地球で最も目まぐるしく火山の「生と死」が交錯する場所といえるでしょう。

第五景　巨大断裂帯

月の直径より長い断層

では、「ヴァーチャル・ブルー」に戻り、世界一周の旅を再開します。ハワイの次は、みなさんを「銀座」にご案内しようと思います。

またしばらく深海大平原を潜航してきたわれわれの眼下に、まるで人工的につくられたような一直線の巨大な崖が現れました。その落差は、２０００〜３０００ｍもあるでしょうか。そして長さは——いったいどこまで続いているのか、まったく端が見えません。これが「断裂帯」と呼ばれる巨大地形です。

深海底には、このような断裂帯が何本も走っています（図1-16）。そのうち世界最長のものは、太平洋のアメリカ西海岸沖からハワイ沖まで走るメンドシノ断裂帯で、なんと約７０００㎞。これは月の直径（約３５００㎞）をもはるかに上回ります。とにかく深海底の地形は、規格

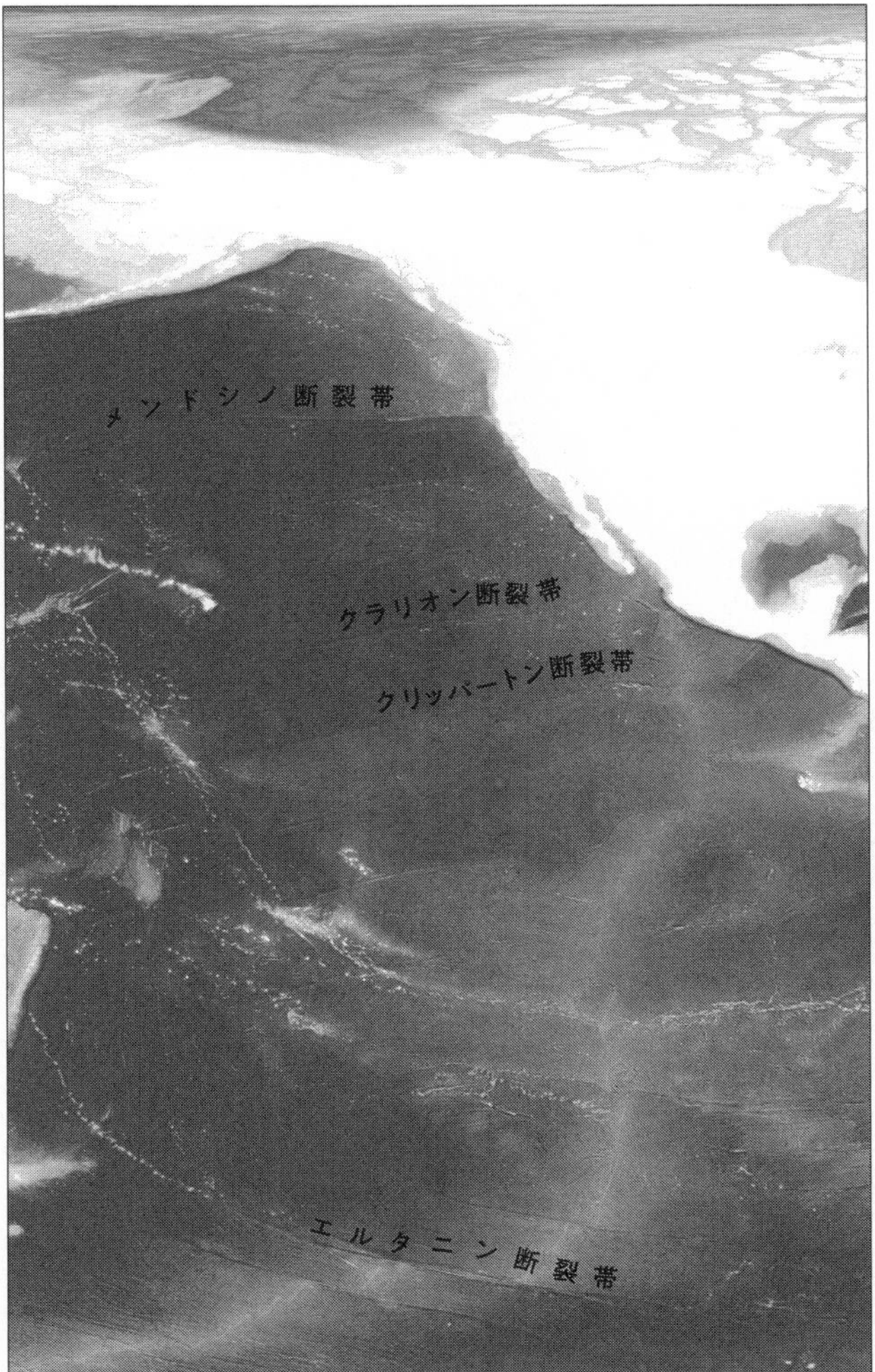

図1－16　断裂帯
深海底を走る異様なほど直線的で長い断層

外のものばかりです。

断裂帯ができるしくみは、以下のようなものです。

海嶺でもとくに「中央海嶺」と呼ばれるところでは、中からマグマが噴き出して、プレートが形成されます。プレートは海嶺の両側に広がって移動します。このとき、海嶺に垂直な方向に「トランスフォーム断層」と呼ばれる断層ができます（図1-17①）。これはプレート境界において現在進行形で生じている断層ですが、その先には、かつてトランスフォーム断層だった断崖が、プレートが移動するとともにどんどん延びていきます。これが断裂帯です（図1-17②）。

太平洋では、東太平洋海膨（中央海嶺）に形成された太平洋プレートと北米プレートなどの境界に直交する断裂帯が、何本もほぼ平行に走っています。

断裂帯を観察すると、地殻や上部マントルの断面が見られます。つまり、プレートを構成する岩石を知る手がかりが得られるのです。

深海の奇観

1872年、イギリスのロンドン王立協会は、海洋生物学者チャールズ・ワイヴィル・トムソンの熱心な要請に応じて、海軍の軍艦を科学調査船に改造し、世界一周の探検航海に送り出しました。これが「チャレンジャー号」です。それから4年間にわたってチャレンジャー号は世界の

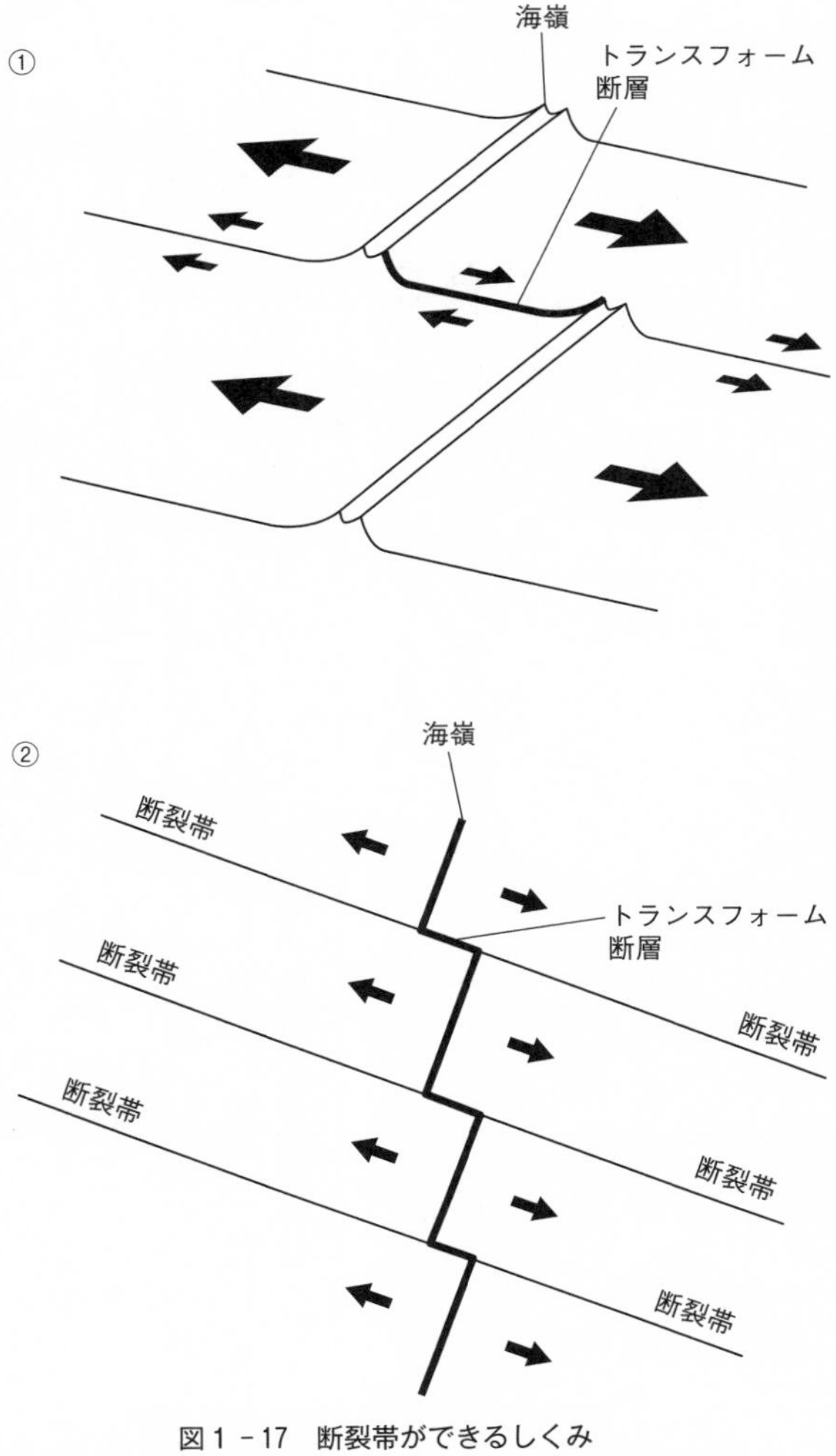

図１－17　断裂帯ができるしくみ
①海嶺の両側に広がるプレートに、トランスフォーム断層ができる
②かつてトランスフォーム断層だった断崖がプレートとともに延びる

海を航海して、海洋学や生物学とともに、地質学においても、海底の測量や、海底表面の岩石を搔き上げる「ドレッジ」と呼ばれる調査によって重要な成果をあげました。

そのチャレンジャー号が東太平洋を調査していたときに海底をドレッジして、岩石を引き上げて調べたところ、その中に異様なほど真っ黒な金属の球体がごろごろ混ざっていました。なんだこりゃ、と割って中身を見てみると、断面は黒い層と白い層が同心円状に重なっていて、真ん中にはサメの歯や砂粒などが入っていました。分析の結果、黒い層は二酸化マンガン、白い層は粘土などの細かい堆積物であることがわかりました。これが深海の鉱物資源としてその後、大きく注目される「マンガン団塊」の発見でした。

マンガン団塊とは、海水中のマンガンが酸素と結びついて海底に沈み、魚の骨や砂粒などを核として、その周囲に堆積して球状になったものです（図1-18上）。大きさは7～8㎝ほどのものが普通ですが、なかには数mに達する大物もあります。

マンガンは電池や合金の材料として有用な金属であり、またマンガン団塊にはレアメタルであるコバルトやニッケルなども含まれていることから、一時は世界各国がこぞって海底でマンガン団塊を探しました。すると、東太平洋のクラリオン断裂帯とクリッパートン断裂帯という2本の大きな断裂帯にはさまれたエリアに、マンガン団塊が密集していることがわかったのです。

いま見えているのが、そのマンガン団塊の密集地帯です（図1-18下）。まるで人工物のよう

図１－18　マンガン団塊とマンガン銀座
上：マンガン団塊の断面写真
下：マンガン団塊がびっしりと並ぶマンガン銀座
（上下とも©JAMSTEC）

な黒い球がごろごろしているさまは、深海の奇観といえるでしょう。じつは、これが「銀座」です。このマンガン団塊の密集地を、日本では「マンガン銀座」と呼んでいるのです。

マンガン団塊がなぜ断裂帯の周辺に多いのかは、よくわかっていません。ただ、マンガン団塊ができる条件としては、海底に物質が降り積もる速さ（これを堆積速度といいます）が、非常にゆっくりしていることが重要なようです。堆積速度は、陸に近くて川からの堆積物が多く流れ込む海域では速くなり、陸から遠く堆積物が少ない海域では遅くなります。太平洋は堆積速度が遅く、マンガン団塊は100万年で1㎜程度と、非常にゆっくりした速度で成長します。しかし大西洋では、堆積速度が速いため、マンガン団塊はほとんど見られません。

なお、マンガン団塊は深海にあることから回収にコストがかかるため、各国の採掘熱が冷めたこともありましたが、近年ではまた、開発に乗り出す国が増えてきています。

第六景　東太平洋海膨

「異次元」の巨大地形

断裂帯が見えてくるようになると、その先に海嶺が現れるのも、もうすぐです。そして、海嶺こそは深海底巨大地形の〝真打ち〟ともいえます。

ここで疑問に思われる方もいるでしょう。最初に見た行程図（図1－2）では、断裂帯の次の目的地は「東太平洋海膨」となっていた、「海膨」というのは海嶺とは違うのではないか？　と。

たしかに、海嶺にまつわる用語には少しややこしいところがあります。到着するまでの間に、解決しておきましょう。

まず、海嶺とは、広い意味では、海底を走る山脈すべてを指す言葉です。規模の大小や、火山かどうかなどは問いません。そこは陸上の山脈と同じです。

しかし海嶺の中には、きわめて大規模で、激しい火山活動をともない、たえずプレートを生みだしているものがあります。地球科学的にきわめて重要なこれらの海嶺を、とくに「中央海嶺」と呼んでいます。ふだん地球科学者が話題にする海嶺のほとんどは中央海嶺のことです。面倒なので省略して海嶺と呼んでいると考えていただいてかまいません。私の話でも以後は同じです。

海嶺を海底巨大地形の〝真打ち〟と言ったのは、中央海嶺の巨大さがもはや「異次元」とでも言えるほど、とんでもないからです。

地球上には大きな海嶺（すなわち中央海嶺）が10ほどあります。それらは、いわば海底火山の巨大な山脈です。海底からの比高が３０００ｍほどの火山が、数千kmにもわたって続いているのです。なかでも最大のものは大西洋中央海嶺で、なんと北極海から南極海にまで、じつに１万km以上にもおよんでいます。そのような光景を想像できるでしょうか。もはや富士山何個分、などと換算すること自体、ナンセンスです。

しかし海嶺のとてつもなさは、これだけではありません。地球上の海嶺は、じつは全部つながっています。つまり、すべての海嶺を「一つの地形」とみなすことができるのです（図１-19）。そう考えたときの海嶺の長さの総和はなんと、約8万km！　これは地球2周分に相当します。まさに次元の違う巨大さといえるでしょう。

地球の深海底には、このように海嶺が張りめぐらされていて、大量のマグマを吐き出しています。地球上の火山活動による噴出物の総量の、じつに80％が海嶺からの噴出物なのです。これも

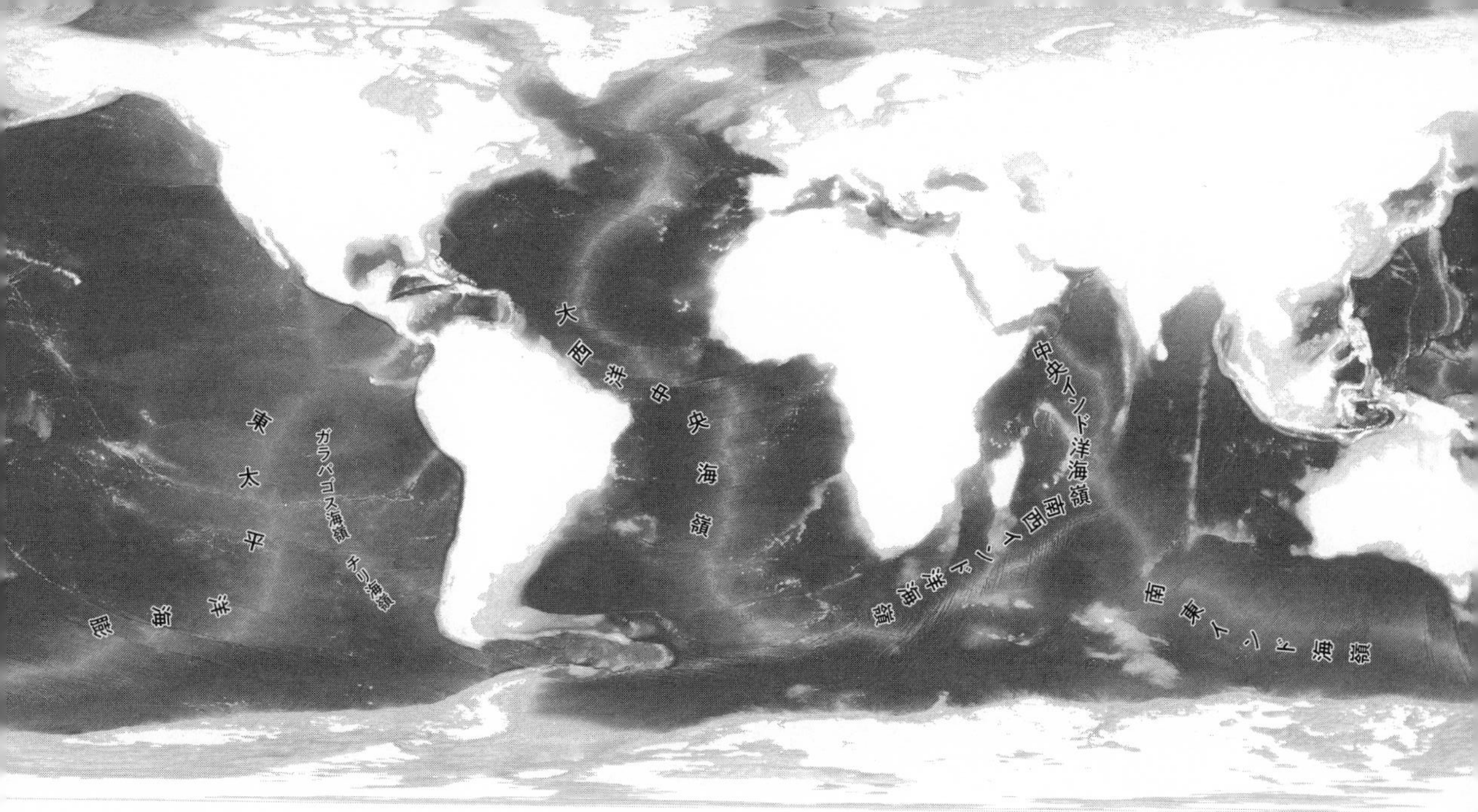

図1－19　世界のおもな海嶺
海嶺はすべてつながっている。長さの総和は約８万km

また、次元が違う数字です。海嶺から噴き出したマグマは、海水で冷やされて固まりプレートとなります。プレートは広い海洋を長い時間をかけて移動し、やがて海溝に沈み込んでいきます。海底でたえず繰り返されてきた、このプレートテクトニクスこそが、地球を地球たらしめているともいえるのです。

おっと、つい話が長くなりました。海嶺と海膨の話をする前に、目的地に着いてしまったようです。では、続きは実際の地形を見ながらお話ししましょう。

海嶺と海膨の違いとは

いま、われわれは南米大陸のチリの西方沖の深海で、東太平洋海膨（図1－20）を見下ろしています。山脈の頂上部分は海底からの比高が3000mはありそうです。頂上部にはいまにも火を噴きそうな谷が連なっていて、長い地溝を形成しています。その姿は、まさに海嶺そのものに思われます。

しかし、一般的な海嶺とは異なる点もいくつかあります。

まず、横幅が広いことです。たとえば大西洋中央海嶺の横幅が300kmから400kmほどなのに対して、東太平洋海膨は500km以上もあるのです。そのため、大西洋中央海嶺がどちらかといえば鋭角的な隆起であるのに対して、東太平洋海膨は傾斜が緩やかになっています。そして頂

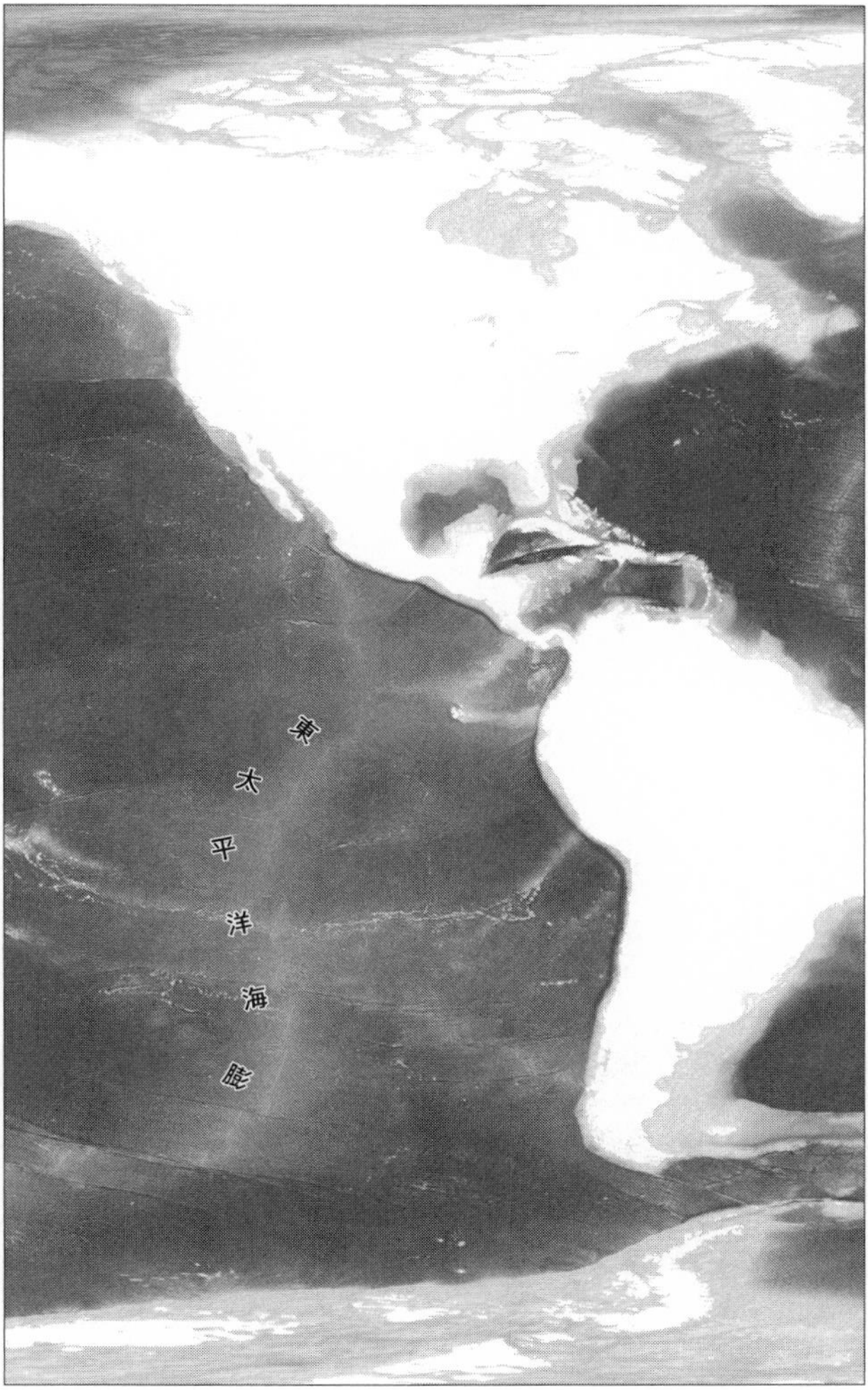

図１－20　東太平洋海膨
プレートの拡大速度は世界一の活動的な海嶺

上部は、一般的な海嶺と比べると、かなり平坦です。

また、東太平洋海膨の頂上部の水深はおよそ２６００ｍと、ほかの海嶺よりも水深が浅くなっています。大西洋中央海嶺と比べると１０００ｍほども浅いのです。海底からの比高はほぼ同じなのに浅いのは、東太平洋海膨はほかの海嶺よりも裾野が広いために、周囲の海底も高くなっている、つまり浅くなっているからです。

東太平洋海膨にはこうした特徴があることから、海嶺よりも膨《ふく》らみを帯びた地形を指すときに用いる海膨という言葉が使われるようになったのです。しかし、海嶺と海膨を区別する明確な基準は存在しません。実質的には、東太平洋海膨は海嶺であると考えてさしつかえありません。

実際に、頂上部の地溝（これをリフトともいいます）は、その両側にプレートをつくりだす「拡大軸」であり、西へ向かう太平洋プレートのほか、北へは北米プレート、北東へはココスプレート、東へはナスカプレート、南へは南極プレートと、5枚ものプレートを海底に送り出しています。大西洋には地球最大の海嶺があり、太平洋には地球第2位の規模をもつ海嶺があるのです。

地球最速の拡大

では、なぜ海嶺の中で、東太平洋海膨はこのように特異な姿となったのでしょうか。その理由は、マグマの供給率にあります。東太平洋海膨はほかの海嶺に比べて、地下深部からもたらされるマグマの量が、著しく多いのです。

そのため、当然ながら噴き出すマグマの量が多くなり、斜面もそのぶん太っていき、なだらかになります。頂上部でも、マグマが凹凸を埋めていくため平坦になるのです。また、大量のマグマは遠くまで流れて広い裾野をつくり、海底は上げ底をされたようになります。そのために水深が浅くなるのです。いわば、たっぷりとマグマを摂取している東太平洋海膨はグラマーな体型になり、少食な大西洋中央海嶺はスレンダーになったというところでしょうか（図1-21）。

マグマの供給率の高さが影響するのは、地形だけではありません。東太平洋海膨から生まれたプレートは、移動する速さ、すなわち拡大速度も大きくなっています。一般的な海嶺では、拡大速度は1年間に8㎝ほどですが、東太平洋海膨から産生された太平洋プレートの拡大速度は、速いところではその2倍以上の年間18㎝ほどにもなると、2015年に東北大学研究チームが発表しています。これはプレートの拡大速度を実測した世界で初めてのケースです。マグマの供給が少ない大西洋中央海嶺では1年間に4㎝あるかどうかですので、東太平洋海膨の拡大速度がいかに速いかがわかります。

では、地球最速の拡大が起こっている現場を見てみましょう。

いま、下に見えているのが、南緯18度付近の東太平洋海膨の頂上部です。このあたりが最も速

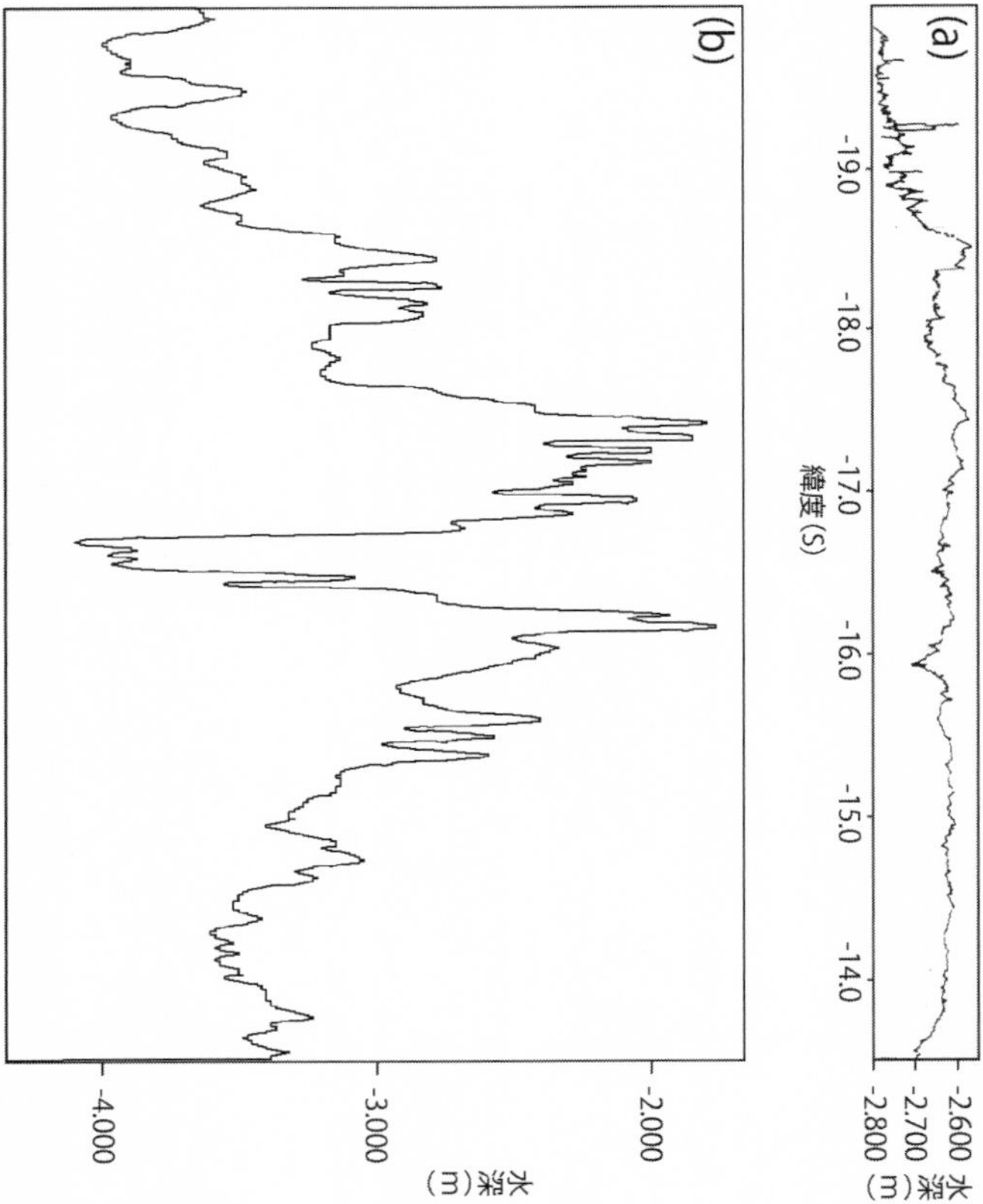

図１－21　東太平洋海膨の断面

(a) 東太平洋海膨の断面　(b) 大西洋中央海嶺の断面
東太平洋海膨は平坦で丸みを帯びた稜線を描き、大西洋中央海嶺は深く凹んだところが多いくプレートが拡大していると考えられています。海嶺の頂上部には一般的に、中軸谷もしくはリフトと呼ばれる深い谷があります。東太平洋海膨では長らく、中軸谷は存在しないと考えられていましたが、近年の調査によって存在することが明らかになりました。

しかし、こうして真上から見下ろしてみると、ほかの海嶺のように深い谷には見えず、何かでふさがっています。さらに、その中をのぞきこんでみましょう。

表面が何やらガラス質のようなもので覆われていて、黒光りしています。いったいこれは何でしょうか。じつは、これは地下からここまで上がってきたマグマが溜まって、かさぶたのようになったものです。ハワイのキラウエアなどの火口付近で見られる溶岩池の巨大なものと思えばよいでしょう。表面に堆積物がまったく見られないことから、まだ新しい溶岩であることがわかります。東太平洋海膨ではこのように、拡大軸の喉元までつねにマグマが上がってきているのです。さすがに危険ですので、長居はせずにここは離れます。

マグマが生みだす「命のにぎわい」

東太平洋海膨では足元の海底からも、さまざまな物質が噴き出しています。水温が数百℃にも達する熱水を噴出する「熱水噴出孔」が、１９７０年代にアメリカの潜水調査船「アルビン」によって初めて発見されたのも、東太平洋海膨の支脈のガラパゴスリフトでした。熱水噴出孔は鉱物資源の温床として有用なだけでなく、金属元素をエネルギーに変える化学合成生物（日本海溝で見たシロウリガイもそうです）が独自の生態系をつくりだしていて、生物の研究においてもきわめて重要な場所です。生命誕生の地が熱水噴出孔かもしれないと考えられていることは、みなさんもご存じでしょう。

では、地球最速の拡大が起きている場所の海底を、われわれも見にいきましょう。

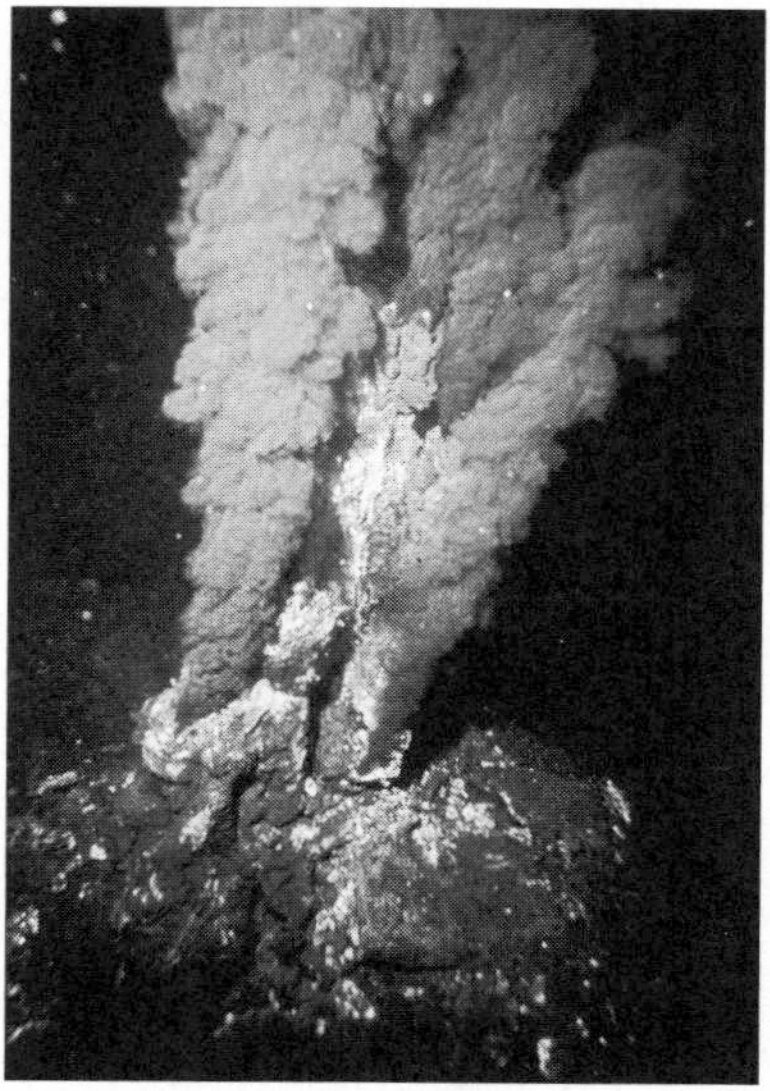

図1－22　チムニー（ブラックスモーカー）

まず、高さ10mくらいの何やら細長いものが、真っ黒な煙を吐いているのが目をひきます。これは熱水に含まれている銅、亜鉛、鉄、硫黄などが海水に触れて急に冷やされることで沈殿し、高く堆積してできたもので、煙突を意味する「チムニー」という名で呼ばれています（図1－22）。チムニーが吐きだしているのは煙ではなく透明な熱水なのですが、海水に冷やされた瞬

図1－23　枕状溶岩

間、含まれているミネラルが凝結して黒くなったり白くなったりします。吐き出す熱水が黒いチムニーは「ブラックスモーカー」、白いチムニーは「ホワイトスモーカー」と呼ばれています。このようなものを最初に発見した「アルビン」の乗員たちはさぞ驚いたことでしょう。あたりを見渡してみれば、何本ものチムニーが直線状に並んでいて、それぞれがまるで蒸気機関車のように勢いよく煙を吐いています。まさに深海の絶景です。

また、海底には枕とも、俵ともいえるような、丸みを帯びた岩がごろごろしています。これは玄武岩でできたマグマが海底に噴き出し、海水で急冷されることでできたもので、「枕状溶岩」と呼ばれています（図1－23）。枕状溶岩の上には、おびただしいカニが集まっているのが見えます。ユノハナガニという深海生物です。1997年に、私が主導する研究チームが東

図１－24　ユノハナガニとチューブワーム

太平洋海膨の地球最速拡大の場所を潜航し、このあたりを調査したことがあります。そのとき、無数のユノハナガニが腹に抱えている幼生をいっせいに放出しているのが観察されました（図1－24上）。カニ類は満月の夜に幼生を放出すると聞きますが、この暗黒の深海で、目を失ったこのカニたちは何を感知してこれだけ集まり、幼生を放出する時期を判断しているのでしょうか。生命の神秘を垣間見た思いがしました。

別の場所では、2～3mほどの奇妙な筒のようなものが何本も密集していて、わさわさと流れに揺られています。植物のようにも見えますが、あれはチューブワームという動物です。別名ハオリムシともいいます（図1－24下）。チューブワームは自分で栄養をつくることができず、口も消化管もありません。体内に棲まわせている化学合成細菌が熱水に含まれる金属元素からつくった栄養を得て生きているのです。

熱水噴出孔でこれらの化学合成生物たちがつくる生態系を化学合成生物群集といい、そこでは熱帯雨林にも匹敵する生物多様性が実現されているといわれています。光は届かなくとも、大量のマグマの熱が、東太平洋海膨の水深３０００ｍの深海底を命にぎわう場所にしているのです。

しかし、生物にとっては必ずしも「楽園」であるだけではないようです。このあたりではときどき、チューブワームが丸焼けになっている場所が見られ、「バーベキューサイト」と呼ばれています。膨大なマグマがもたらす激しい火山活動によって、生物たちはしばしば滅亡し、また繁栄しては滅ぶというサイクルを繰り返しています。マグマがそう多くない海嶺の火山活動には休止期があるのに比べれば、むしろ厳しい環境ともいえるのです。

「重複拡大軸」を横断する

さきほどもお話しした１９９７年の潜航調査では、東太平洋海膨の頂上部にも中軸谷が存在することを確認できたのが、一つの大きな成果でした。そしてもう一つ、非常に興味深い地形にも出会うことができました。東太平洋海膨では大量のマグマの噴出を1本の拡大軸だけではまかなえず、部分的に、平行する二重の拡大軸ができているのです。これを「重複拡大軸」といいます。重複拡大軸の存在は１９８７年に発見され、地球科学者たちを驚かせたものでした。私たちの調査では、二つの拡大軸の間の横断潜航を試みました。距離にして数キロから数十キロです。

おびただしい数の枕状溶岩が何段も垂れ下がっている斜面を登り、一方の拡大軸の頂上を越えると、もう一方の拡大軸との間に溶岩でできた平坦な地形が広がっているのが見えてきました。あるいは広大な溶岩湖といえるでしょうか。それは、ところどころで陥没していました。海水が高温の溶岩に取り込まれたときに水蒸気爆発を起こして、穴が開いたものと思われます。池に張った氷が割れて陥没しているような地形でした。ときどき、陥没せずに残った溶岩が柱のような形で残った溶岩柱（ピラー）が立っていました。その中で、やはり多数の大きなチムニーが黒い煙を噴き出していて、化学合成生物群集も見られました。それは生涯忘れられない奇観でした。

このような場所で太平洋プレートは生まれ、高速拡大して日本海溝までやってくるのです。

地球史の中では、約1億年前に世界中の海水が一気に増えた「白亜紀の大海進」という大事件が起こりました。このとき、海面が１０００m以上も上昇したとされています。そのようなことが起きた原因は、海嶺による海洋底の異常な拡大にあると考えている人もいます。大量のマグマが短い時間で上昇して積み重なったために、その上に乗っている海水が押し上げられて、陸へとあふれ出したのではないかというのです。東太平洋海膨の水深が、拡大が遅い大西洋中央海嶺に比べて１０００mほども浅いことを考えると、白亜紀の大海進も、大量のマグマのなせる業ではないかと思われてきます。海嶺はときに地球のありようさえ変えてしまうのです。

第七景　チリ海溝

巨大地震の最多発地帯

では、そろそろ次の目的地へ向かいましょう。東太平洋海膨では、われわれがやって来た西の方向には太平洋プレートが拡大しているだけですが、拡大軸をはさんで反対側では、さきほどお話ししたように北に北米プレート、北東にココスプレート、東にナスカプレート、南に南極プレートと、４枚ものプレートが拡大しています。このうち、われわれはナスカプレートと同じ方向に進み、チリ海溝に潜航しようとしています。

最深部の水深８１７０ｍ、長さ約３４００㎞のチリ海溝が巨大地形であることは、いうまでもありません。しかし、この海溝の名はそれよりも、巨大地震によって有名になっていると思われます。

１９６０年５月に起こったマグニチュード９・５の「１９６０年チリ地震」は、これまで記録されているなかでは世界最大の地震でした。巨大津波も発生し、チリでは約5700人の死者が出ました。

そして翌日、巨大津波は日本の東北太平洋岸にも到達します。

「海水がふくれ上がって、のっこ、のっことやって来た」

その様子を、吉村昭の『海の壁　三陸沿岸大津波』に登場する漁師はこう表現していますが、地震が近くで起きたわけでもないのに大津波が突然襲ってくる恐怖はすさまじいものだったでしょう。この津波は東北地方に死者・行方不明者142人という大きな被害をもたらしました。また、さきほどわれわれが上陸したハワイのヒロでも、61人の死者を出しました。

チリではマグニチュード8～9の巨大地震が、チリ海溝に沿って何度も繰り返されています（図1－25）。世界有数の地震国に住む私たちでさえ、チリは日本よりも大変、という印象をもっています。その理由は、じつは東太平洋海膨の場所にあります。この海嶺がこのようなところにあるために、チリでは巨大地震が絶えないのです。どういうことか、これからチリ海溝に潜りながら説明していきましょう。

「チリ型」のプレート沈み込み

チリ海溝は東太平洋海膨のすぐ東に位置しています。これはそもそも、東太平洋海膨が太平洋

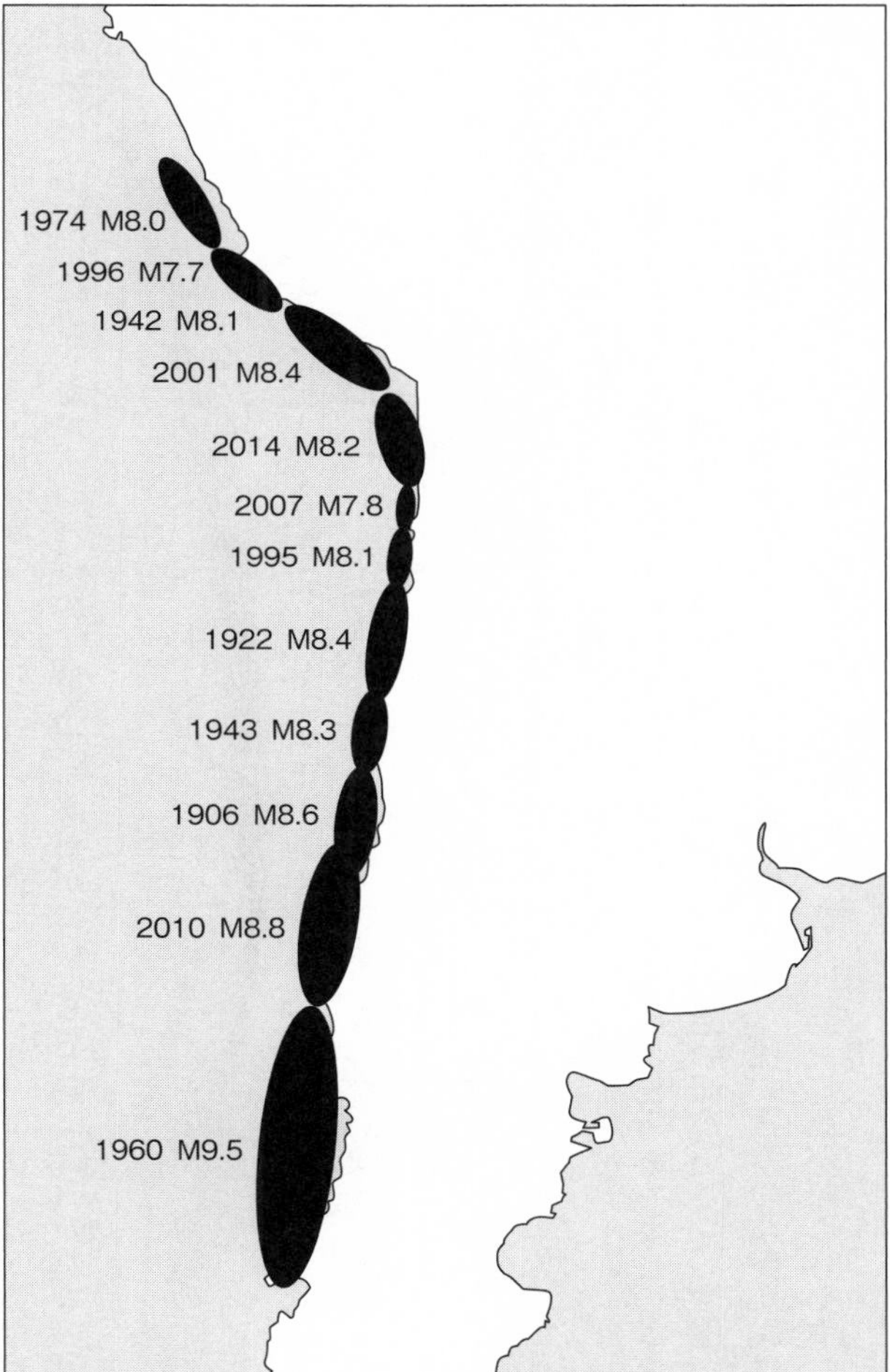

図１－25　チリ海溝で発生した巨大地震
1940年代以降に発生したもの。海溝全域で隙間なく地震が起きている

のかなり東方、つまり南米大陸にかなり近いところに位置しているからです。ほかの中央海嶺は大洋のほぼ中心に位置しているのに、なぜ東太平洋海膨がこれほど大陸に近いのかは、一つの謎ともいえます。

そのために、大陸の方向に拡大したプレートはすぐに沈み込まざるをえず、海嶺のすぐ近くに海溝ができることになります。これが決定的な要因です。

東太平洋海膨から西に拡大する太平洋プレートは、日本海溝に沈み込むまでに1億数千万年もかけて移動します。その間にプレートは海水で冷やされて、重くなっています。そのため海溝に沈み込むときは、傾斜は深くなります。

ところが、東の方向に拡大するナスカプレートがすぐ近くのチリ海溝に沈み込むまでの時間は、地球科学的には「あっという間」でしかありません。プレートはまだ生まれたてで温かく、軽いために、チリ海溝に沈み込むときの傾斜は緩くなります。

海溝で発生する海溝型地震は、大まかにいえば、プレートが海溝に沈み込むときの摩擦によって起こります。沈み込みの傾斜が深ければ、海溝とプレートとの接触面が小さく、摩擦が大きくならないため、地震が起きてもあまり大きくはなりません。一方、沈み込みの傾斜が緩ければ、海溝とプレートとの接触面が大きくなるので摩擦も大きくなり、巨大地震が起こりやすくなるのです。

これは日本の上田誠也と金森博雄が1970年代に提唱した巨大地震発生のモデルで、傾斜が深い沈み込みは「マリアナ型」と呼ばれ、傾斜が緩い沈み込みは、まさに「チリ型」と呼ばれています（図1－26）。その後の例を見ても、巨大地震は若いプレートが沈み込む海溝で発生することが多いことから、このモデルはおおむね正しいと考えられるようになりました。つまり、チリで巨大地震が頻繁に発生する理由は、海嶺と海溝の近さにあったのです。

ただし、2011年の東北地方太平洋沖地震、いわゆる「3・11」によって、上田・金森モデルは修正を迫られることになりました。日本海溝は古いプレートが沈み込む「マリアナ型」であるにもかかわらず、マグニチュード9の巨大地震が発生したからです。現在では巨大地震の発生には別の要因もからんでいると考えられ、研究が進められています。

とはいえ、若いプレートが沈み込む海溝で巨大地震が発生しやすいのは事実です。たとえば、西南日本沖の南海トラフは、若いフィリピン海プレートが沈み込んでいるので「チリ型」に分類することができ、実際に一定の間隔で巨大地震が繰り返されています。

チリ海溝に代表される「チリ型」の沈み込みには、もう一つ、大きな特徴があります。それは大量の「付加体《ふかたい》」を生みだすことです。

海嶺で生まれたプレートが海溝に沈み込むまでに、プレートの上には土砂や岩石、あるいは生物の死骸など、さまざまな堆積物がたまります。プレートが海溝に沈み込むとき、それらの堆積

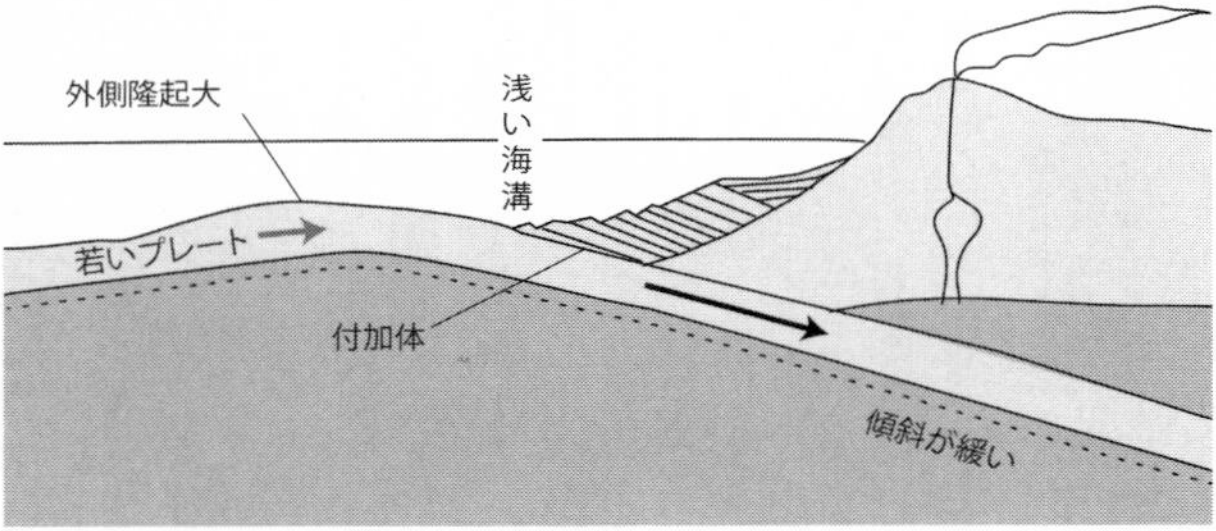

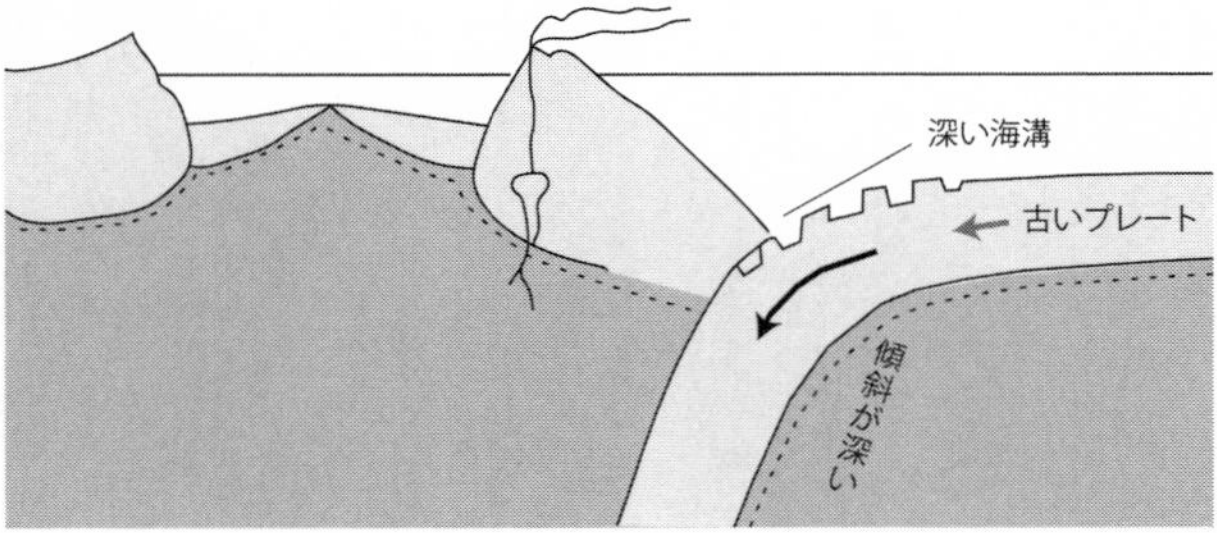

図1－26　プレートの沈み込みの「チリ型」と「マリアナ型」
上：チリ型は若いプレートが浅く沈み込む
下：マリアナ型は古いプレートが深く沈み込む

物は剥ぎ取られて、海溝に沈み込まずにその先の陸のプレートに次々に押しつけられて、積み重なっていきます。これが付加体です。付加体は積み重なって高く盛り上がり、陸上に山脈を形成します。山脈には付加体がプレートで押しつけられたことによる「しわ」（褶曲《しゅうきょく》）がたくさんできます。

「チリ型」の沈み込みでは、傾斜が緩いので、多くの堆積物が剥ぎ取られます。したがって付加体の量が多くなり、非常に大きな山脈がつくられます。南米大陸の太平洋側に6000m級の山々が続くアンデス山脈は、チリ海溝に沈み込むナスカプレートからもたらされた大量の付加体が積み重なってできたものです。

アンデス山脈の場合はさらに、東太平洋海膨からの豊富なマグマによって地下の火山活動も活発になり、また、温度の高いプレートが沈み込むため、多くのマグマが上昇してきて古く厚い基盤の上に積み重なって、山脈がより成長していきました。いわばチリ海溝に独特の、付加体とマグマの両方の作用が、陸上に巨大地形をつくりだしたのです。このような成因をもつ火山は世界でもアンデス山脈の山々だけです。

「チリ三重点」の世界でも稀な特徴

チリ海溝にはもう一つ、世界でも珍しい地形があります。「チリ三重点」です（図1-27）。

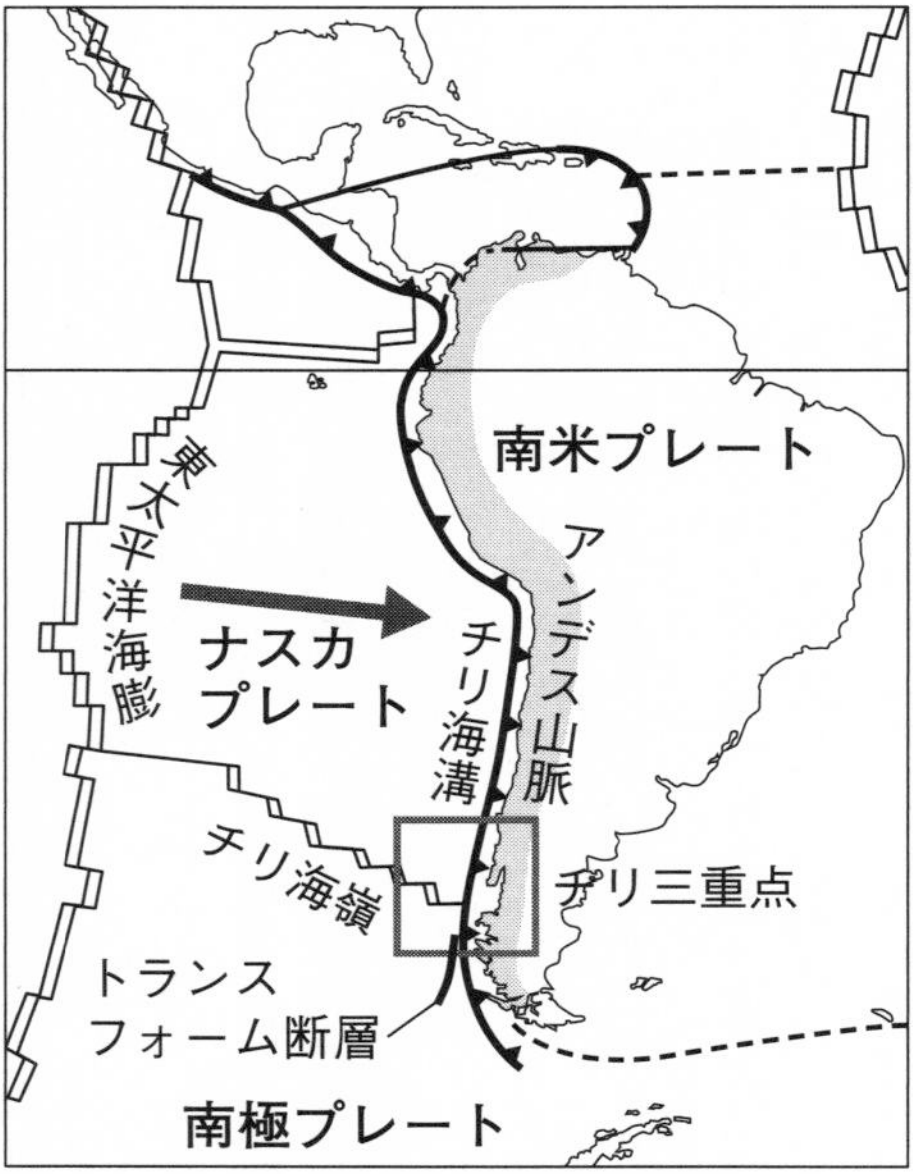

図１－27　チリ三重点
海溝、海嶺、トランスフォーム断層と３つの要素すべてが交わる世界唯一の三重点

三重点とは、3枚のプレートが一点で接しているところです。2枚のプレートが接していても線にしかなりませんので、点になるのは3枚以上が接している場合ですが、地球上に4枚以上のプレートが接している点はありません。イギリスの地球物理学者ダン・マッケンジーと米国のウィリアム・ジェイソン・モーガンは、地球上に三重点と考えられるものは16個あるとしています。

三重点ではプレートの境界が3本できますが、それは海嶺（Ridge）である場合もあれば、海溝（Trench）である場合も、トランスフォーム断層（Fracture）である場合もあります。その組み合わせによって、三重点はR－R－R（3本とも海嶺）、R－R－T（2本の海嶺と1本の海溝）、R－R－F（2本の海嶺と1本のトランスフォーム断層）などに分類されます。

チリ三重点ではナスカプレート、南極プレート、南米プレートの3枚が接していて、その境界はチリ海溝、チリ海嶺、トランスフォーム断層です。このようにR－T－F三つの要素がすべて入った三重点は、世界でもチリ三重点だけなのです。なお、日本列島の房総沖近くには、日本海溝、伊豆－小笠原海溝、相模トラフと海溝だけが交わるT－T－Tの海溝三重点があり、これも世界唯一です。

いま、われわれはチリ海溝の南、南緯46度12分にあるチリ三重点の近くまで潜ってきました。水深は4000ｍほどです。巨大な地形の全体を把握することは難しいのですが、ここではチリ海嶺がチリ海溝に沈み込んでいます。海嶺が海溝に沈み込んでいるのは、地球上でもこのチリ三重点だけです。このように多くの要素が入り組んでいるために複雑にからみあった現象が起こっていて、地質学的にも非常に興味深いところです。日本列島形成時のフォッサマグナに似ているのではないかとも考えられ、日本列島の謎を解明するうえでもチリ三重点の研究は重要です。

また、海嶺の海溝への沈み込みによって、チリ三重点に近いタイタオ半島では、オフィオライトが見られます。オフィオライトとは海洋プレートと同じ層序と組成の岩石が陸上に露出したもので、いわばプレートの断面です。中東のオマーンで見られる巨大なオマーンオフィオライトや、日本でも京都府から福井県にかけて見られる夜久野《やくの》オフィオライトが知られています。タイタオ半島で見られるものはタイタオオフィオライトと呼ばれ、世界で最も新しいオフィオライトです。

では、そろそろ「ヴァーチャル・ブルー」は、チリ海溝から上昇を開始します。海溝を昇りきり、南米大陸に到着すれば、太平洋の横断は完了です。

第八景　大西洋中央海嶺

南米大陸をひとっ飛び

深海底世界一周の旅は太平洋の横断を終え、次にめざすのは大西洋の巨大地形です。しかし、南米大陸が邪魔をしていて、まっすぐに深海を進むことができません。そこで、出発する前にみなさんにお断りした、ずる……いえ、特殊機能の出番です。そう、空を飛ぶのでしたね。じつに都合のいい能力です。

チリ海溝から上昇して海面に頭を出した「ヴァーチャル・ブルー」は、そのままさらに昇りつづけ、いま標高6000mクラスの山々が連なるアンデス山脈を飛び越えようとしています。ヒマラヤ山脈に次いで世界で2番目に高い山脈は、さきほども述べたように付加体と火山活動という二つの成因からできあがったものです。

アンデス山脈を越え、ブラジルに入ります。眼下に広大な平原が広がっています。パラナ盆地です。これは第三景のシャツキー海台のところで説明した、スーパーホットプルームの上昇による洪水玄武岩で形成された平坦な溶岩台地です。このスーパーホットプルームは、このあとお話しするように大西洋をもつくりました。

ブラジルとアルゼンチンの国境に、世界3大瀑布《ばくふ》の一つとされるイグアス滝が見えます。最大落差は約80m、幅はなんと4㎞にもおよぶ、世界で最も広い滝です。今回は上空を通過するだけですが、ぜひ一度は見ていただきたい陸上の絶景です。洪水玄武岩の平坦な溶岩台地の上を流れていたイグアス川が、岩の切れ目で落下してこのような巨大な滝ができました。

では、「ヴァーチャル・ブルー」はそろそろ高度を下げていきます。行く手に海が見えてきました。大西洋です。

パンゲアの分裂で生まれた海

いまから約3億～2億5000万年前のペルム紀から、約2億5000万～2億年前の三畳紀にかけて、地球上には「パンゲア」と呼ばれる超大陸が存在したと考えられています（図1-28）。パンゲアは、当時の唯一の海「パンサラッサ」に囲まれていました。パンサラッサは現在の太平洋の起源であることから「古太平洋」とも呼ばれます。

2億年前ころ、パンゲアの地下深くから、スーパーホットプルームが上昇してきます。それは

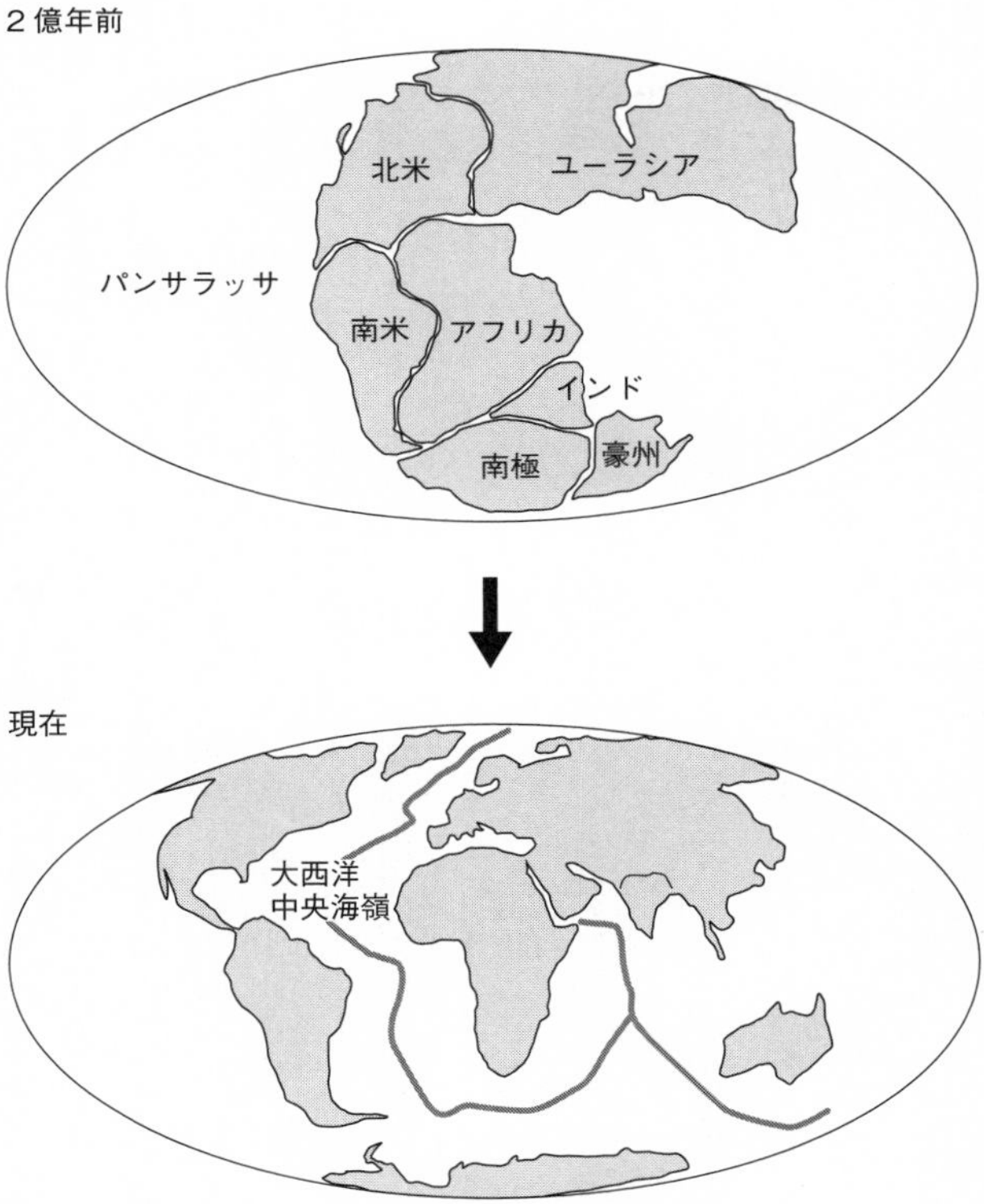

図１－28　分裂した超大陸パンゲア
２億年前にパンゲアが引き裂かれ、アフリカと南北アメリカが分かれて、大西洋ができた

きわめて膨大なマグマを地上に噴き上げ、ついにパンゲアを引き裂きます。地球ではこうした超大陸の分裂と、その後の合体が、それまでにも幾度か繰り返されてきました。現在のところ最後の超大陸であるこのパンゲアの分裂では、海洋生物の三葉虫など、90%以上の動物種が絶滅したとされ、「P－T境界」（ペルム紀と三畳紀の境界）の大量絶滅と呼ばれています。

パンゲアの分裂によって、南北のアメリカ大陸と、アフリカ大陸とが分かれ、その間に海ができました。これが大西洋です。したがって大西洋は太平洋よりも新しい海といえます。

イギリスの地質学者アルフレッド・ウェゲナーが世界地図の大西洋を眺めていて、南北アメリカとアフリカの海岸線を合わせれば、ぴったりとくっつくことに気づき、大陸移動説を着想したことはあまりにも有名です。１９１２年に発表されたこの革命的な説はしかし、学会ではまったく受け入れられませんでした。ウェゲナーは冷笑され、自説の証明もできないまま、失意のうちに非業の死をとげました。

ところが１９６０年代になって、ロバート・ディーツとハリー・ハモンド・ヘスによって、大西洋の海底が拡大していること、すなわち、大陸が移動していることの証拠となる海洋底拡大説が提唱され、ウェゲナーの大陸移動説の正しさが証明されました。さらに地震の研究も進んだことで、プレートテクトニクスが確立されたのです。それは大陸移動も海洋底拡大も包摂する、じつに壮大な理論でした。地球科学におけるこの学説は、ほぼ同時期に確立した宇宙物理学におけ

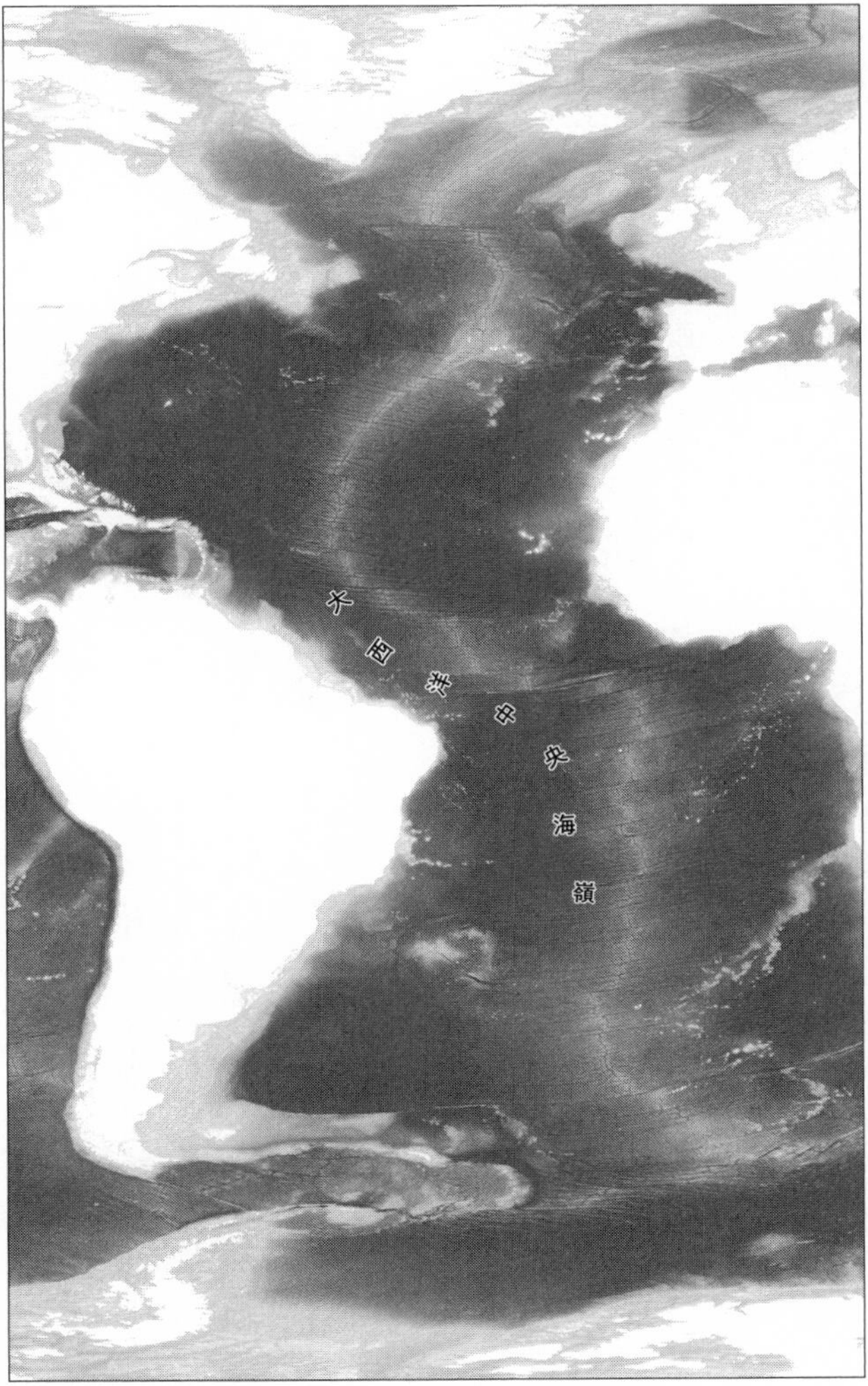

図１－29　大西洋中央海嶺
ほぼ北極海から南極海までを貫く、地球最大の地形

るビッグバン、生命科学におけるＤＮＡの二重らせん構造とともに、人類の自然観に大きな変革をもたらしました。

そして、この海洋底拡大説を生んだのが、これからわれわれがめざす大西洋中央海嶺です（図1－29)。大西洋のちょうど真ん中を南北に走るこの巨大海嶺が、パンゲアを引き裂き、大西洋を生みだすほどの途方もない量のマグマを噴き出しました。その名残はさきほど見てきた南米大陸のパラナ盆地や、大西洋をはさんで反対側のアフリカでもカルードレライトやナミビアのエテンデカなどの洪水玄武岩に見られます。

南北アメリカとアフリカの間に広がる大西洋、そしてその中央を走る大西洋中央海嶺という、シンプルでわかりやすい構図がなければ、人類はいまだにプレートテクトニクスを発見できていないかもしれません。

大きいわりにおとなしい

では、これより大西洋中央海嶺をめざして、大西洋に潜ります。この海の大きな特徴は、水深が浅いことです。平均の深度は、三大大洋といわれる太平洋、大西洋、インド洋の中で最も浅い３７３６ｍです。その理由は、一つには大西洋の広さが太平洋のほぼ2分の1と狭いことにあります。そのため周囲のどの大陸からも近く、陸上からの堆積物がたくさんたまるのです。また、アマゾン川、オリノコ川、ニジェール川、コンゴ川など、大西洋に注ぎ込む大河の数が多いことも堆積物が多い原因です。これらは超大陸パンゲアの時代には一つの川だったものが、大西洋で分断されたと考えられています。

第二景の深海大平原のところでお話ししたように、水深の浅い海底では、プランクトンの死骸が多く含まれる石灰質軟泥が堆積して大平原を形成します。大西洋では石灰質軟泥が太平洋よりも厚く堆積していて、広大な深海大平原をつくっています。

大西洋の特徴としてはほかに、棲息する生物の種の数が少ないことがあります。太平洋やインド洋よりもはるかに少ないばかりか、アマゾン川にも及ばないようです。これは、大西洋がパンゲア分裂でできた新しい海であること、南北の極地のほかはほぼ閉じられていて生物の出入りが難しいことなどが理由として考えられます。

さて、例によっておしゃべりをしているうちに、大西洋中央海嶺を見下ろせるところまで潜ってきました。この地形の〝化け物〟ぶりについては、東太平洋海膨のところでお話ししました。ほぼ北極海から南極海まで、地球の半周を貫く全長約１万㎞の巨大山脈です。深海底の数々の巨大地形の中でも超弩《ど》級であることは間違いありません。

ただし、東太平洋海膨がグラマーなのに対し、大西洋中央海嶺はスレンダーという話もしました。超大陸パンゲアを引き裂くという大仕事をしたにもかかわらず、いや、むしろそのせいかもしれませんが、現在の大西洋中央海嶺は噴き出すマグマの量が少なく、ほっそりとしています。

では、その頂上部を見てみましょう（88ページの図1‐21参照）。こんもりとしていた東太平洋海膨と違い、中軸谷が深く窪んでいます。これもマグマが少ないためです。拡大速度も、東太平洋海膨が年間約18㎝ともいわれるのに比べるとかなり遅く、年間約3～4㎝ほどでしかありません。図体が長大なわりには、活動はおとなしめなのです。

では、山脈の麓へと下ってみることにしましょう。東太平洋海膨では熱水噴出域があり、たくさんのチムニーが見られましたが、こちらではどうでしょうか。

ここでまた、みなさんに一つお断りがあります。われわれはいま、予定した世界一周コースの通りに、南大西洋を潜航して大西洋中央海嶺を見ているわけですが、じつは、実際に大西洋の潜航が行われたのは北大西洋だけで、南大西洋に潜航した例は、赤道に近い海嶺を除いては皆無なのです。これは南大西洋が深海調査における主要な国々から遠いことと、南極の荒れる海が近いことが原因です。したがって、みなさんは南大西洋に潜航した最初の人類ということになるわけです――と言ったら真面目な読者の方に怒られてしまうでしょうか。

とはいえ景色については見てきたように嘘を言うわけにもいきませんので、ここからは実際に私が大西洋中央海嶺に潜航して見てきたこと、経験したことを語らせていただきます。潜ったのは北大西洋ですが、基本的には南北で大きくは変わらないだろうと思っています。

深海の城「ラピュタ」

１９８５年、アメリカのＮＯＡＡ（海洋大気局）が「大西洋横断地球科学計画」（Trans Atlantic Geotraverse：通称ＴＡＧ）にもとづいて大西洋中央海嶺を調査していたところ、北緯26度あたりで、海水の温度や化学組成に異常が見つかりました。深海カメラで見下ろしてみると、巨大な「マウンド」が深海底に存在していることがわかりました。東太平洋海膨の熱水噴出域で、煙突のように長く伸びたチムニーを見てきましたが、あれと同じように熱水とともに噴き出した鉱物が沈殿して、小高い山のようになったものをマウンドといいます。このとき発見されたマウンドは非常に大きいと考えられ、「ＴＡＧマウンド」と名づけられて調査が進められることになりました。

１９９４年、日本のＪＡＭＳＴＥＣ（海洋科学技術センター〔当時：現海洋研究開発機構〕）やアメリカのＷＨＯＩ（ウッズホール海洋研究所）などが参加した共同研究プロジェクト「MODE'94」にもとづき、「しんかい６５００」が大西洋中央海嶺に潜りました。その潜航目的の一つが、ＴＡＧマウンドの全容を明らかにすることでした。パイロットは田代省三、コパイロットが川間格、潜航研究者は私、藤岡換太郎。これが大西洋中央海嶺への日本人初の潜航でした。

北緯26度8分。ターゲットの在り処に近づいていました。水深は3600m程度で、東太平洋海膨の頂上部よりも1000mほど深いところまで来ています。突然、無数のチムニーが乱立して、真っ黒な煙を吐いているのが見えてきました。この煙に巻き込まれ、「しんかい6500」は天狗の団扇《うちわ》であおがれたようにぐるぐる回されたり、遠くまで放り出されたり、ブラックアウトして船内が真っ暗になったりと、散々な目にあいました。チムニーたちがまるで、王宮を守護する近衛兵のように思われました。

苦労の末にようやく、TAGマウンドの足元にたどりつき、見上げたその姿の巨大さは、予想以上でした。1回の潜航などでは計り知れないと思われましたが、過去にアメリカやロシアの研究者が置いていった目印（マーカー）が、計測位置の特定に役立ちました。計測の結果、TAGマウンドの大きさは、底部の直径がおよそ250m、高さはおよそ70mであることがわかりました。これは東京ドーム並みの規模です。こうして、TAGマウンドは世界最大級のマウンドであり、その周辺は世界最大級の熱水噴出域であることがわかったのです。

さらに驚かされたのは、TAGマウンドには平坦な面が2段あり、その上に、高さ20mほどもあるチムニーが載っていて、まるで巨大なケーキのような構造をしていることでした（図1-30）。チムニーはいつも黒煙で覆われていて、全容を見ることができませんでした。そこで私は、宮崎駿のアニメ『天空の城ラピュタ』に出てくる黒い雲に覆われた城になぞらえて「ラピュタ」

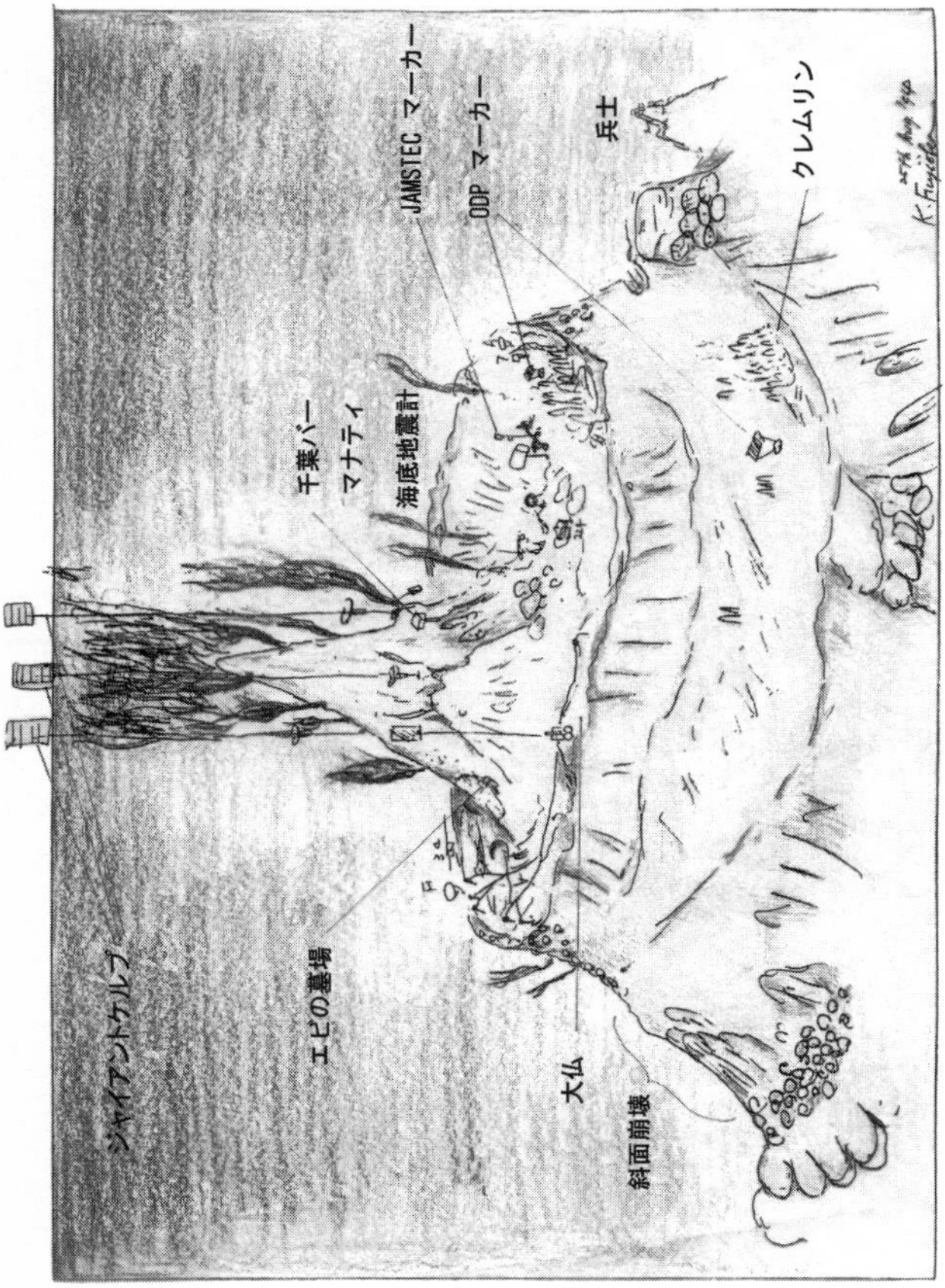

図1－30　深海の城「ラピュタ」（著者描く）

と呼びました。

ＴＡＧマウンドではほかにも、最初は小さなチムニーが並んでいたものが、やがて巨大な円形劇場のように成長し、アメリカ人に「コロッセウム」とか「アストロドーム」と呼ばれている構造物も形成されてきていました。熱水に含まれる元素や金属が積もり積もって、このように巨大なものをつくったのは、本当に驚異的なことです。「ラピュタ」にはおびただしい数の、リミカリスやコロカリスなどの目のないエビが群れていました。それはまるで夏の夜の光に集まる蛾のようでした。

第九景　中央インド洋海嶺

アフリカ大陸の巨大地形

大西洋中央海嶺から浮上して、南大西洋に顔を出したら、また少しの間、空を飛びます。今度はアフリカ大陸の横断です。

眼下に、ナミビア共和国にある世界最古の砂漠、ナミブ砂漠が広がっています。ここにはエテンデカと呼ばれている数百㎦にもおよぶ火成岩の塊があります。これをつくったのは超大陸パンゲアが分裂して大西洋ができたときのスーパーホットプルームによる洪水玄武岩と考えられています。いわば海台の陸上版で、こうした地形を巨大火成岩岩石区（LIPs）といいます。その西側の片割れが、さきほど見てきた南米大陸のパラナ盆地です。

なお、アフリカの洪水玄武岩といえば、アフリカの南側にあるカルー粗粒玄武岩もよく知られています。これは南極大陸とアフリカ大陸を分離させてインド洋の海底をつくったスーパーホットプルームによるものと考えられています。

続いて見えてきたのが、東アフリカ大地溝帯です。これはアデン湾南部のジブチから南のモザンビークまで、約6000㎞も続く溝状の巨大地形で、その中には多くの活火山や湖がありま す。ケニア山やキリマンジャロなどは赤道直下であるにもかかわらず、高さ5000m以上の山頂は雪や氷河で白くなっています。地溝の壁は、落差が1700mほどもあります。

この大地溝帯は、600万年ほど前にスーパーホットプルームが上がってきて、大地を引き裂いてできた裂け目（リフト）です。それは超大陸パンゲアが分裂して大西洋ができたときの状況とよく似ています。アメリカの地質学者ブルース・チャールズ・ヒーゼンらは、大西洋中央海嶺の断面が東アフリカ大地溝帯のそれに酷似していることから、海嶺は引き裂かれ、拡大していると考えました。また、カナダの地球物理学者ツゾー・ウィルソンは、「超大陸の輪廻《りんね》」という考えを示したときに、東アフリカ大地溝帯をモデルとしています。それによれば、大地溝が少し広がって海が入ってくると、アフリカとアラビア半島の間にある紅海のような地形になり、これが拡大を始めるとアデン湾のようなものができ、さらに広がると、ついに大西洋のような海になるというのです。

話しているうちに、次にめざす海が見えてきました。高度を下げていきましょう。

小さいけれど「ほどほど元気」

超大陸パンゲアの分裂で大西洋ができたことはお話ししましたが、このとき、さきほど少しふれたように南極大陸とアフリカ大陸が分裂したことで拡大を始めた、もう一つの大洋がありました。太平洋、大西洋と並ぶ三大洋であるインド洋です。

インド洋の面積は三大洋では最も小さく、太平洋の半分以下です。これを拡大させたのが、そのほぼ真ん中を南北に走る中央インド洋海嶺です（図１－31）。この海嶺は、アフリカプレートとアラビアプレート、およびアフリカプレートとインド－オーストラリアプレートという、二つのプレート境界の拡大軸となっています。

海嶺の活性、いわば「元気さ」は、マグマを噴き出す度合いで比べることができます。東太平洋海膨は多くのマグマを出す活発な海嶺で、大西洋中央海嶺があまりマグマを出さないおとなしい海嶺であることは見てきましたが、中央インド洋海嶺はどうかといえば、その中間で、ほどほどには元気な海嶺です。拡大速度は東太平洋海膨が年間15㎝以上の高速、大西洋中央海嶺は年間４㎝前後の低速であるのに対して、中央インド洋海嶺は年間４～９㎝ほどと、中速の拡大をしています。三兄弟ではいちばんチビですが、バランスがとれた海嶺といえるでしょうか。

ところで、太平洋や大西洋は20世紀に調査が進み、すでに見てきたように海嶺では熱水噴出域

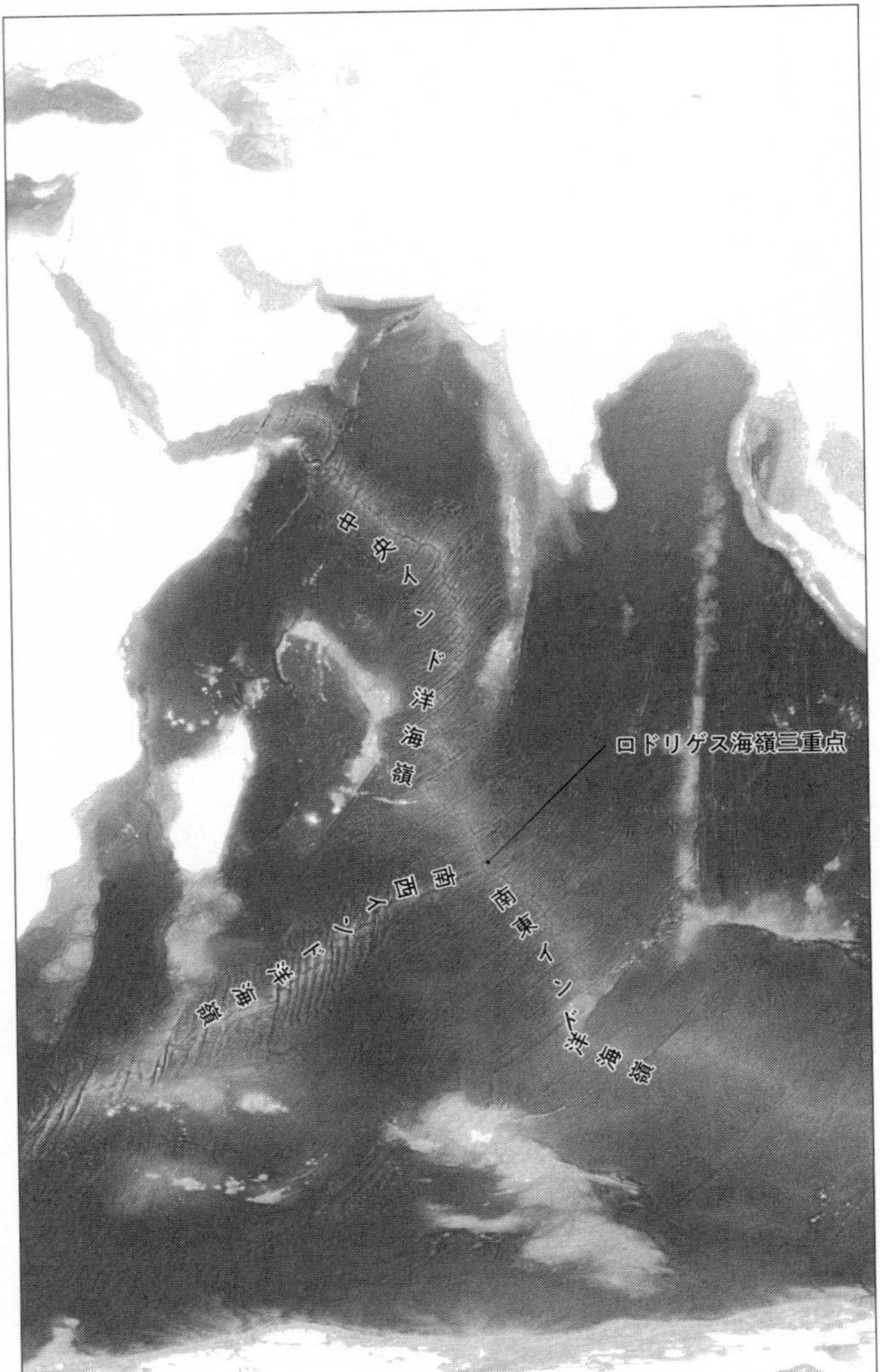

図1－31　中央インド洋海嶺
インド洋は３つの海嶺が交わるロドリゲス海嶺三重点が特徴的

も数多く発見されました。ところがインド洋では、20世紀の終わりが近づいても熱水噴出域は見つかっていませんでした。どの国からも遠いためアクセスに時間とお金がかかることから、有人潜水艇による調査が行われていなかったのです。したがって北極や南極などの極域の海嶺を除くと、インド洋が熱水探しの「最後のフロンティア」になっていました。

やや自慢めいてしまいますが、このインド洋に世界で初めて潜航したのが私たちの研究チームでした。これによって私は、三大洋すべてを潜航した最初の人間にもなってしまいました。そこでここからは海嶺を潜りながら、そのときの話を聞いていただくことにします。

インド洋初潜航での「落胆」

私たちＪＡＭＳＴＥＣのチームが「しんかい６５００」でインド洋を潜航したのは、１９９８年の9月23日でした。バスコ・ダ・ガマが１４９８年にインド航路を開拓してから５００年にあたるのを記念してリスボンで海洋博が開催されて、ＪＡＭＳＴＥＣも「よこすか」と「しんかい６５００」を一般公開したあとに、インド洋の海嶺を調査したのです。

インド洋には特徴的な地形があります。中央インド洋海嶺、南西インド洋海嶺、南東インド洋海嶺という三つの海嶺が一点で交わるＲ－Ｒ－Ｒのロドリゲス海嶺三重点です。私たちが潜航したのは、この三重点の南西（アフリカ側）の海域でした。

人類が初めて目にするインド洋の海底とは、どのようなものか。私たちは大きな期待を胸に潜航しました。ところが、見えてくるのは行けども行けども、枕状溶岩ばかりでした。それは東太平洋海膨でも大西洋中央海嶺でも見慣れた、ありふれた景色でした。正直にいえば、インド洋初潜航の興奮がしだいに冷めていくのを感じました。

「この一歩は人類にとって大きな一歩であった」

人類で初めて月面に降り立ったアームストロング船長のこのようなセリフを探しましたが、何も思いつきませんでした。結局、私たちが最初に発したのは鈴木晋一船長によるこの言葉でした。

「よこすか、しんかい、着底した異常なし。深さ２６９０」

何よりの落胆は、潜航のメインテーマである熱水噴出域の発見に至らなかったことでした。熱水に関係する成果としては、化学合成生物であるシロウリガイの死骸をここでも見つけたことと、すでに活動をやめた熱水チムニーを発見し、採集したことくらいでした。

とはいえ、これらの成果にも意味はあったのです。たとえば、ロドリゲス海嶺三重点は太平洋からは南東インド洋海嶺が、大西洋からは南西インド洋海嶺が接していて、生物に関しても太平洋のタイプと大西洋のタイプが交わる場所にあります。インド洋の生物が二つの海のどちらから伝播してきたのかは、きわめて興味深いテーマです。シロウリガイの死骸についての情報は、生物伝播のシナリオの復元には役立つはずです。

また、インド洋の地下のマントルは、大西洋や太平洋のそれとは性質が違うことが岩石学者によって指摘されています。これは地球形成の初期にまでさかのぼる問題ですが、その解明には活動をやめた熱水チムニーの化学成分の分析が役に立つ可能性があります。

このように成果もあげていながら落胆しすぎてしまった私たちは、いま思えば「人類初潜航」に気負いすぎていたのかもしれません。

メガムリオンとは何か

「熱水」にとらわれなければ、このインド洋潜航では私たちはほかにも面白い調査をしていました。いまからその場所をご覧に入れましょう。

前方に、ドーム状に盛り上がった、丘のようなものがいくつか見えます。その上には、なにやら畑の畝《うね》のように、筋が何本も入っています。この地形は数十㎞も続いています。これは海嶺の拡大軸付近でときどき見られるもので「メガムリオン」と呼ばれています。

東京の有楽町に「有楽町マリオン」というビルがあります。その外壁にも、畝のような筋がいくつも入っています（図1－32）。あのようなデザインを建築用語で「マリオン」または「ムリオン」（Mullion）というそうですが、メガムリオンも「メガ（巨大）」「ムリオン」という意味な

図1－32　有楽町マリオンの「畝」

のです。

　メガムリオンは海嶺の拡大軸で地殻が引っ張られて断層ができ、そこから地下深くのマントルが地表に出てきて盛り上がったものではないかと考えられています。普通は拡大軸からはマグマが出てきますが、なんらかの理由でマグマの供給が足りなかったために、マントルがむき出しになったというわけです。畝のようなものは、マントルが露出する際にできたひっかき傷のようなものではないかとも考えられています。メガムリオンをつくったとされるこうした拡大は、マグマによらないものなので「非マグマ的拡大」と呼ばれています。

　メガムリオンは本当にマントルでできているのかを確かめる一つの方法として、重力測定があります。メガムリオンの重力を測定して割り出した密度が、周囲の岩石と比べて大きければ、地下で大きな圧力を受けて高密度になったマントルである可能性が高いと考えることができます。

　そこで私たちは、「FUJI Dome」と名づけられたメガムリオンの重力測定を行うことにしました。しかし、潜水艇の中で重力測定をするというのは、かなり難しい技術なのです。その手順は次のようなものです。

　まず、潜水艇を海底に固定します。このときには電源を全部落として、潜水艇がまったく振動しないようにしなくてはなりません。次に、乗員が入る狭い耐圧殻の中の敷物をはがし、金属の床をむき出しにして、その上に重力計を載せるお皿をセットします。このときは水準器を使って、お皿が水平になるように慎重を期します。そして重力計をセットして調整を行うのですが、この調整がきわめて難しい、息も詰まるほどの精密さが求められる作業なのです。なかには本当に、「すみませんがみなさん、息を止めてください」と言った研究者もいるとか。

　ようやく準備が整うと、いよいよ測定の開始です。その間、パイロットとコパイロットは耐圧殻の壁にへばりついた状態で、息を殺して終わるのを待たなくてはなりません。何度かに分けて行われる測定は、30分から1時間はかかります。直径2mしかない球の中で、この状況は相当にきついものがあります。

　この重力測定の結果、ロドリゲス海嶺三重点のメガムリオンはかなり密度が大きいことがわかり、地下深いところにある重たい物質が海底に出てきたものである可能性が高くなりました。メガムリオンの正体はマントルであるという考えに、こうして一つ、有力な証拠が加わったのです。

なお、フィリピン海のパレスベラ海盆では、メガムリオンの巨大版が見つかっていることはよく知られています。長いほうの辺が125㎞、幅55㎞、最深部との高低差は4000mという、これまで見つかっているメガムリオンでは最大のサイズで、「ゴジラ・メガムリオン」と呼ばれていることはご存じの方も多いでしょう。

ロドリゲス海嶺三重点にしかいない奇妙な生物

私たちがインド洋で見つけたかった活動的な熱水噴出域は、2年後の2000年、20世紀最後の年にJAMSTECの無人探査機「かいこう」が世界で初めて発見しました。その後は各国が競って研究を開始し、インド洋の詳細が次々と明らかにされています。

なかでも生物系の研究者は、インド洋の生態系に注目してさかんに潜航しています。2001年にはアメリカの研究チームが、ロドリゲス海嶺三重点の熱水噴出域で、鉄と硫黄からなる硫化鉄の鱗を「鎧《よろい》」のように身にまとった奇妙な巻き貝を発見しました。巻き貝は通常、敵に襲われると殻の中に隠れて蓋を閉めますが、この貝には蓋がなく、かわりに硫化鉄の鱗でびっしり覆われた足をすぼめ、外側に向けて、身を守るのです。驚くべきことに、鱗は磁石にもくっつきま

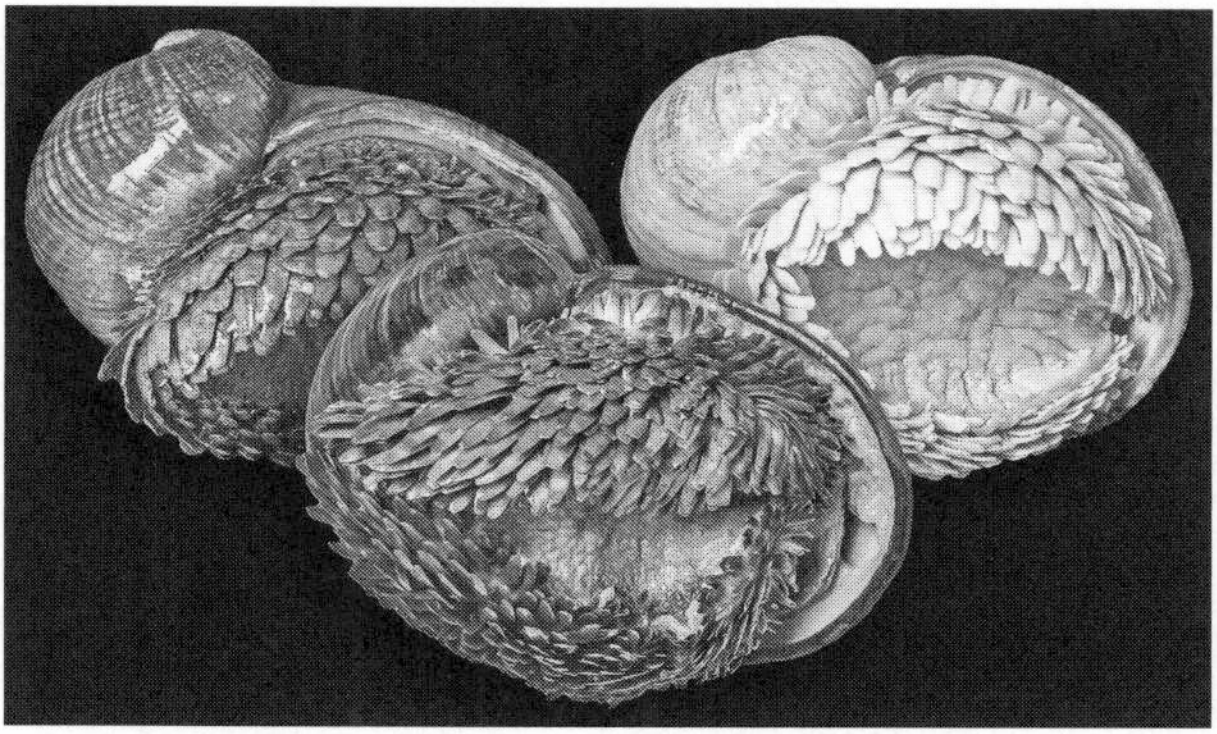

図１－33　スケーリーフット

す。この巻き貝は「スケーリーフット」（鱗のある足）と呼ばれ、身体の一部が金属でできている生物として世界中で話題になりました。日本ではウロコフネタマガイと命名されています（図１－33）。

不思議なことに、ウロコフネタマガイは世界の海の中で、このロドリゲス海嶺三重点でしか見つかっていません。それはなぜなのかも、わかっていません。わかっているのは、三つの海嶺が交わる場所では、私たちがまだ知らない何かが起きているのかもしれない、ということだけです。

インド洋は決して、ありふれた海ではなかったのです。

第十景　坂東深海盆

「板没する国」へ還る

深海底世界一周の旅も、そろそろ終わりが近づいてきました。いま、われわれはインド洋から離陸して、３度目の飛行に入っています。

真下には、デカン高原が見えています。第三景のシャツキー海台のところでお話しした、スーパーホットプルームによる洪水玄武岩がつくった広大な地形です。その面積は約50万㎢と日本列島より広く、溶岩の厚さは２０００ｍにも達します。

続いて見えてきたのが、ヒマラヤ山脈です。全長は約２４００㎞、高さは平均で６０００ｍを超える「世界の屋根」です。さきほど飛び越えてきたアンデス山脈が火山岩でできているのとは違って、ヒマラヤ山脈はすべてが、もとは海にたまっていた堆積岩でできています。海のプレート（インド－オーストラリアプレート）に乗ったインド亜大陸が北上して、陸のプレート（ユーラシアプレート）に衝突したときに、プレートの間にたまっていた堆積物が付加体となって上昇して、山脈ができたと考えられています。そのため、山頂付近の地層（イエローバンド）からも、ナノプランクトンの化石やアンモナイトなどの海の生物の化石がたくさん出土します。このように海のプレートと陸のプレートの衝突によってできた山脈は、陸上でしか見られない巨大地形です。

中国大陸に入りました。この大陸は35億年前の最も古い地塊の周辺に、南から若い地塊が次々に衝突して形成されたと考えられています。地塊が衝突しているさまは地球観測衛星ランドサットでよく見えます。こうした大陸のでき方は北米大陸も同様で、地質学者のポール・ホフマンは冗談めかして「United Plates of America」と呼んでいます。

いよいよめざす海が見えてきました。これから潜るのは東シナ海、懐かしい日本列島は、もうすぐそこです。旅の最後は、世界広しといえど日本にしかない絶景ポイントで締めくくります。

南海トラフは「チリ型沈み込み」の典型

われわれはいま、日本の九州沖で海溝に潜り、北上しています。南海トラフです（図１－34）。この海溝の名前は、いずれ起こる巨大地震との関係で、すっかり日本人に浸透した感があります。

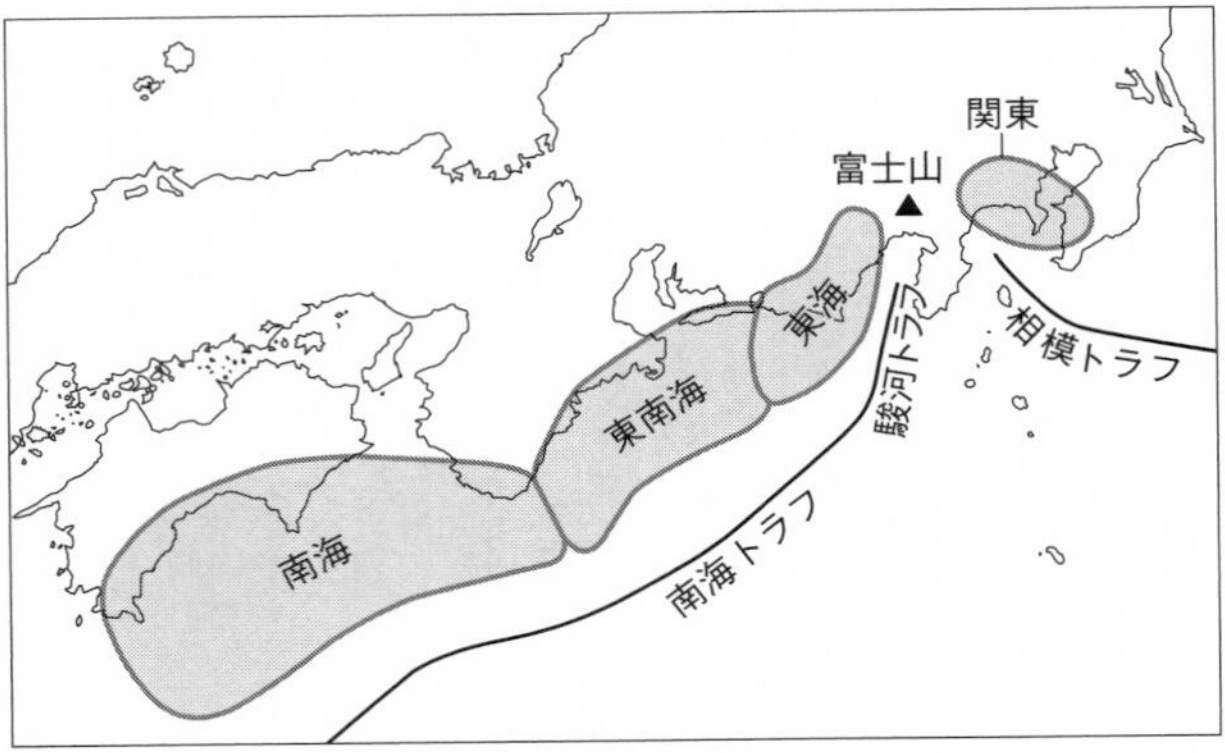

図１－34　南海トラフと巨大地震
沈み込みの傾斜が緩い南海トラフは４つの震源域をもつ（グレーの部分）

南海トラフはフィリピン海プレートがユーラシアプレートに沈み込んでいる海溝で、九州、四国、紀伊半島の沖合から、静岡県の富士山周辺にまでつながっています。最大水深は４９００ｍで、海溝の定義となる６０００ｍに満たないことから「トラフ」（舟状海盆という意味）と呼ばれているのですが、音波探査によると、トラフの底には本州から運ばれた砂や泥が２０００ｍ以上もたまっており、これらを取り去ると水深は６９００ｍとなるので立派な海溝といえます。

第七景のチリ海溝のところで、プレートの海溝への沈み込みには、チリ型とマリアナ型という二つのタイプがあるとお話ししました。南海トラフへと沈み込むフィリピン海プレートはまだ若いプレートなので、チリ型です。沈み込みの傾斜が緩く、海溝側に多くの付加体をもたらします。世界的に見ても、

図1－35　海成段丘

南海トラフは典型的な付加体をつくる海溝とされています。

四国から紀伊半島、さらに静岡県にかけての太平洋岸の地層は、成立年代や岩相（石の顔つき）が似ているので、モデル地である四国の四万十《まんと》川の名前をとって「四万十帯」と呼ばれていますが、現在ではいずれも、南海トラフからの付加体であることがわかっています。ちなみに四国や紀伊半島に温泉地が多いのは、まだ若くて温度が高いフィリピン海プレートが沈み込んで地下水が熱せられるためと考えられます。

また、チリ型の沈み込みは大きな地震を引き起こします。四国の室戸岬や足摺《あしずり》岬の観光案内などの写真では、海面すれすれの平坦な面が何段かあって、急に岬がそびえている様子が見られます（図1－35）。これは地震によって地面が急激に隆起したことを示すもので、海成段丘と呼ばれています。日本の太平洋岸には多くの海成段丘がありますが、すべてプレートの沈み込みによってできたものです。海成段丘は「地震の化石」ともいえるでしょう。

南海トラフでは100〜150年の間隔で大地震が起こってきました。観測や文献などからは、1946年と1944年（昭和）、1854年（安政）、1707年（宝永）、1605年（慶長）、1498年（明応）、1361年（正平）、1099年（康和）、1096年（永長）、887年（仁和）、684年（天武）に大地震の記録があり、昭和を1回、康和と永長を1回と数えると、これまでに9回の大地震が起こったことが確認できます。安政の地震はペリーが日本を去った数ヵ月後に起きたもので、このとき静岡県の下田港にいたロシアの軍艦「ディアナ号」は津波をかぶって大破し、ついには沈没しました。歴史に「もし」はないのですが、もしペリーの艦隊がこの地震に遭っていたらどうなっていたでしょう。

話しているうちに「ヴァーチャル・ブルー」はもう静岡県沖にまで上ってきて、いま第二天竜海丘という地形を通過しています。シロウリガイの大きな群集が見えてきました。チューブワームもたくさん見えています。南海トラフのように顕著な付加体ができる海溝では、海底に亀裂が走り、それに沿って水やガスが地中から湧き上がっています。そのため、このように巨大な生物群集などが見られるのです。

巨大地震に備えての海底調査

この南海トラフがこれからどんな動きをするのかは、すべての日本人の気がかりです。できるかぎり地震による災害を小さくするためには、南海トラフでは過去に何が起こり、現在は何が起きているのかを知って、これから何が起きるのかを予測することが不可欠です。そのための取り組みを少し紹介しましょう。

海底を潜水調査船で調べることは、海底を垣間見るだけにすぎません。人が観測できる時間はごくわずかです。そこで、長時間にわたる海底観測が可能な長期観測ステーションが開発されました。海底ケーブルや地震計を大量に設置して、地震発生に関連するさまざまな現象をいちはやくとらえて陸上へ送り込むシステムが構築され、やがて来る巨大地震に備えています。

この長期観測システムは、たとえば伊豆半島で起こった群発地震によって海底に発生した土石流が斜面を流れ下った様子をカメラに収めていました。こういった現象は、長期観測をしていなければとらえることは難しいでしょう。

ところで南海トラフは、じつは研究するのが非常に難しい海溝でもあるのです。それは、黒潮のせいです。東シナ海から太平洋へと、まさに南海トラフと同じ海域を流れる黒潮は、最大速度が約4ノット（時速約7・4㎞）、厚さ約500ｍというかなり強い海流です。潜水調査船は最大でも2・7ノットしか出せないので、黒潮の中では潜航調査は困難です。しかも、海底の一点に船の位置を保っての調査や、掘削船やピストンコアラー（海底の柱状試料を採るための機械）を使っての作業も難しいうえに、計測器を海底に放り込んで行う観測も、強い流れのため思わぬ場所に着底するおそれがあります。冗談で「難解トラフ」ともいわれるくらい、黒潮にもろに面した南海トラフは、海底の調査がきわめて困難なのです。

しかし2005年、南海トラフの研究は新しい局面に入りました。地球深部探査船「ちきゅう」の登場です。掘削した掘り屑を海底に捨てずに、ライザーパイプとドリルパイプによる二重管構造を使って船上まで吸い上げて回収するライザー掘削システムの開発によって、掘り屑が掘削ビットにからみつくなどのアクシデントが克服でき、理論的には海底下6000m以上もの掘削が可能になったのです。

南海トラフの地震発生帯にできるだけ直接アクセスし、そこで何が起きているかを知ることができれば、地震研究は飛躍的に前進します。「ちきゅう」は南海トラフの海底下3262・5mの地層を掘削し、その内部の岩相や、間隙水《かんげきすい》の組成、堆積物の物性や構造など、数多くの成果をもたらしました。この深さは現在、科学掘削では世界で最も深い孔です。黒潮という難敵を向こうに回して、よくここまでやれたものと思います。

「ちきゅう」の大きな成果の一つは、プレート境界断層の先端部のコア（岩石をくり抜いて採取するサンプル）が得られたことです。このコアからは、先端部の温度が３００〜４００℃になった痕跡が見つかりました。これは、地震のときはすべり面が浅いところでも３００℃以上の高温になってしまうことを意味しています。

また、複数の浅い場所で、応力の測定に成功し、南海トラフがプレートの沈み込む方向に平行に圧縮の力を受けていることがわかりました。さらに、地震発生帯では沈み込みが浅い側の縁で、スロー地震（ゆっくり地震）が起こっていた痕跡を捉えたことも重要な成果でした。

南海トラフで今後30年のうちにマグニチュード８クラスの地震が起きる確率は、70％といわれています。「ちきゅう」によるこれらの発見は、巨大地震に対する備えに大きく貢献することは間違いありません。

相模トラフの初潜航記

つい南海トラフの話が長くなってしまいましたが、この海溝がそのまま最終目的地につながっているわけではありません。富士山の直下あたりに達したあと、どうなっているのか定かではありませんが、そこからは相模トラフと呼ばれる舟状海盆となり、最後の絶景ポイントに向かうのです。なお、南海トラフの静岡沖あたりから富士山の下までを、駿河トラフともいいます。

相模トラフの最大水深は約１５００ｍですから、その意味では海溝とはいえません。しかし、相模トラフはフィリピン海プレートが北米プレートに沈み込む、プレート境界そのものです。その意味ではトラフというより、海溝と呼ぶほうがふさわしい気もします。

いま、われわれは相模湾の海底の三浦海底谷という窪地に着きました。じつはここは、私が相模トラフの調査のため、初めて潜水調査船に乗ったときの目的地でした。少しの間、その思い出話をさせていただくことをお許しください。

1985年5月22日の夕刻、私は「しんかい2000」に乗船するため静岡県の伊東港に行き、まず母船「なつしま」に乗り込みました。調査船で海洋の研究をするようになって12年目で初の潜水調査船でした。ステーキ、鶏のフライ、ハマチとイカの刺身などの豪勢な夕食のあと、船長会議室でパイロットやコパイロット、司令たちと海底地形図をにらみながら、潜航ルートや、何を採集するかなどを綿密に打ち合わせました。

翌朝7時50分、「なつしま」は伊東沖を抜錨《ばつびょう》し、私たちは潜水服を着て「しんかい2000」に乗船しました。9時50分、潜航海域に到着するとハッチが閉められ、ロープで釣り上げられて着水。水深は1107m。スイマーが吊り索をはずし、いよいよ潜航開始です。

「しんかい2000」は毎秒25mの速度で回転しながら沈んでいき、私は緊張しながら、三つある観察窓の一つから外を眺めていました。閉所恐怖症にならないか、トイレで困らないかが乗船前の危惧でした。閉所は子供のころ、親によく押し入れに閉じ込められていたので慣れていました。トイレは高速道路で子供が用を足すのに使うものが積んであるので心配ないと言われていましたが、それも杞憂でした。実際に潜りはじめると、そんなことは忘れてしまうほど興奮して、ひたすら窓の外の光景に見入っていました。発光生物の明かりが、夜汽車から見える、通りすぎていく田んぼの電灯のように思えました。

11時3分に着底。パイロットが母船に報告します。「なつしま、しんかい。着底した異常なし。深さ１１００、視程５ｍ、水温２・９２℃、流向・流速35度へ、コンマ２ノット」。

水温が約３℃というのは冷蔵庫の中にいるようなもので、かなり寒いはずです。そして直径２ｍほどの耐圧殻では、パイロットは椅子に座って正面の観察窓から外を見て操縦しますが、コパイロットと研究者はテーブルの下に腹ばいになって、残り二つの窓から観察します。かなり窮屈です。しかし海底に着いて観察を始めると、寒さや狭さはすっかり忘れてしまっていました。

驚いたのは、それからです。海底谷の堆積物の表面に、細長い線状の溝と、短い点が一定の間隔で続いているのが見えました。生物が残した痕跡と見て間違いないと思われました。そのような痕跡を「生痕」といいます。ところが、そこへ毎秒５㎝の流れに乗って、私たちの目の前にビニール袋がゆっくりと回転しながら姿を現しました。その角のところが堆積物につける模様が、まさに生痕と思っていたものと同じだったのです！　現場を見なければ絶対に知ることができなかったであろう深海の〝真実〟でした（図1-36）。

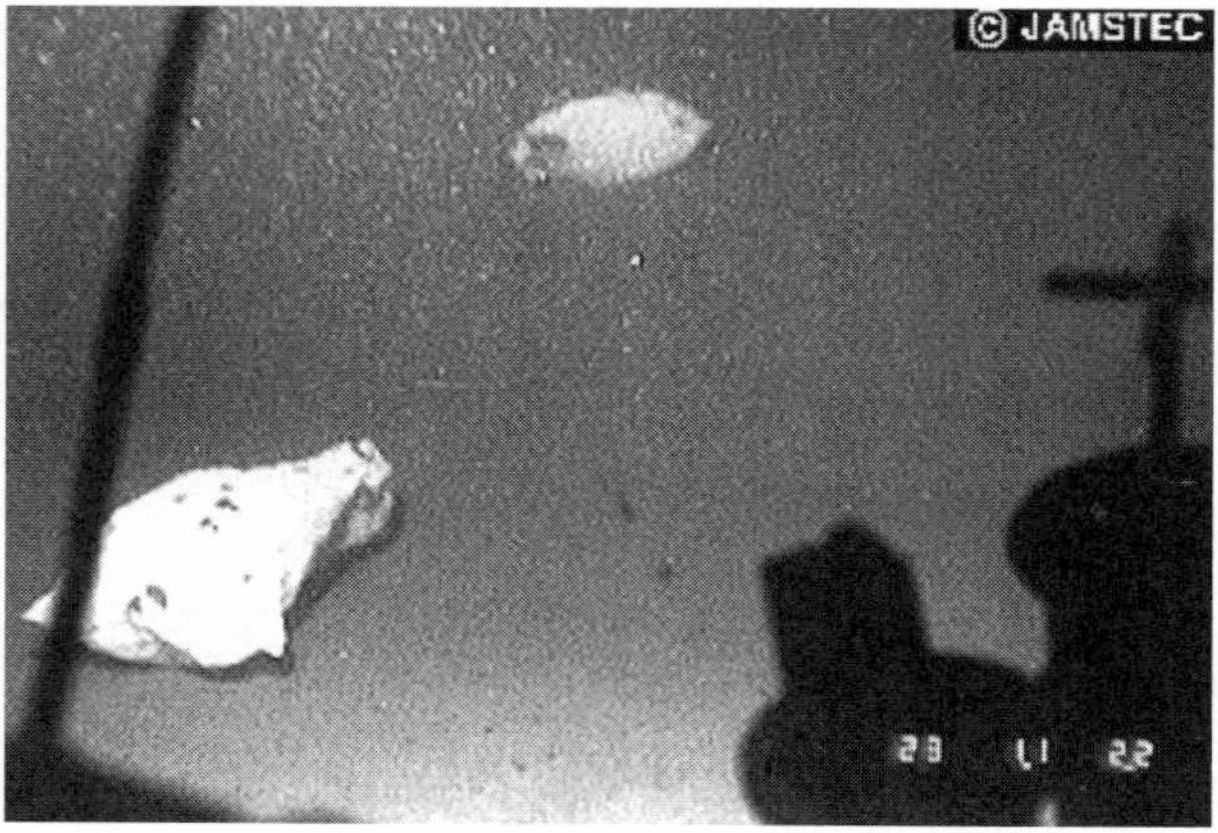

図１－36　海底を転がるビニール袋

３時間ほどにわたった初めての〝竜宮城〟の散策は、おおいに満足がいくものでした。しかし、ビニール袋がたくさん浮いていて地層の観察にも難渋したことや、おびただしいプラスチックごみがたまっていたことは、少なからず気になりました。新聞でこの潜航の結果を発表したときには、そのことも問題提起しました。

じつは「はじめに」で書いた、２０１９年に有人潜航の最深記録をつくったヴェスコヴォも、水深１万ｍを超えるチャレンジャー海淵の海底でプラスチックのごみを見つけています。私の初潜航から34年、ごみはいまや世界中の海底にいきわたってしまったことに愕然としたものです。

地震の前兆を相模湾にさがす

相模トラフは首都圏で起こる地震の〝巣〟とも

いうべきところです。1923年9月1日に関東大震災を引き起こした関東地震も、震源は相模トラフでした。ここではフィリピン海プレートが日本列島（北米プレート）の下へ沈み込んでいます。そして、少しややこしいですがフィリピン海プレートの下には太平洋プレートが沈み込んでいます。フィリピン海プレートは太平洋プレートの上に重なって、ひっついているのです。こうした複雑なプレート運動にともなう地殻変動や地震の跡が、相模湾に潜ればまだまだ見つかるはずです。

たとえば相模湾の東京海底谷という海底谷は古い地層が露出していて、「しんかい2000」がここで土石流堆積物を見つけています。巨大な礫とそれを包むマトリクス（基質）が混然一体となっていて、まさに地震による斜面崩壊によって形成されたものと思われます。東京近辺で発生した大きな地震が引き金になったと考えられますが、東京ではこの数百年の間に、江戸時代の元禄、宝永、そして関東地震と大きな地震が多発しているので、どの地震によるものかは特定できません。しかし、別の土石流堆積物や地震断層が見つかれば、その前後関係や頻度が突きとめられ、相模トラフで起こった巨大地震の全貌が徐々に見えてくるでしょう。

いま、われわれは相模湾の、伊豆半島の東側の沖の海底にいます。リゾート地の初島のすぐ近くです。初島では海成段丘が3段に発達していて、島が最近も地震によって隆起していることを示しています。また、このあたりは手石《ていし》海丘の噴火など、頻繁に群発地震が起こる場所としても知られています。

初島の南東沖の海底に進みます。おびただしい数のシロウリガイが見えてきました。じつはこれらは、日本で初めて発見されたシロウリガイの巨大群集です。それを食べるエゾイバラガニも集まってきています。貝が埋まっている堆積物が真っ黒なのが印象的です。これらの生物群集は、西相模湾断裂と呼ばれる断層からのガスや水を求めて、直線状に分布しています。

1993年、シロウリガイの棲む初島の海底とケーブルで連結した深海底総合観測ステーションが敷設され、海底の観察が始まりました。生物群集を訪れる魚の挙動や、シロウリガイの移動の様子、地震による地滑りで海底が濁る映像などが得られています。ある季節には、シロウリガイの放精・放卵が観察されました。これは貴重な記録です。温度や流速のわずかな違いも影響すると考えられるからで、シロウリガイは深海底の微妙な環境の変化を知っているようです。このような貝の生態の観察から、地震の前兆現象をとらえることができるかもしれません。

相模湾は私が海洋の研究を始めた最初に調査したところであり、お話ししたように初めて潜水調査船で潜ったところでもあります。そして、いまのところ私が最後に海洋の調査に出かけたのも相模湾です。だから愛着もあって言うのですが、相模湾からはまだ新しいものが出てくる気がします。巨大地震に備えるためにも、私たちの〝足元〟への潜航は、まだまだ必要です。

「坂東深海盆」の命名の由来

南海トラフに続いて相模トラフでも、思い入れが強すぎて長居をしてしまいました。まあ、この世界一周はフォッグ氏と違って賭けをしているわけではないので急ぐ必要はないのですが、みなさんもかなりお疲れかと思いますので、ここからは最終目的地へひた走ることにしましょう。

いま、「ヴァーチャル・ブルー」は相模トラフに沿って房総半島沖を一路、南東へと潜航しています。その先にはこの相模トラフと、世界一周の旅の最初に見た日本海溝、そして伊豆－小笠原海溝とが交わる海溝三重点があります。これは房総沖海溝三重点とも呼ばれています。

水深はどんどん下がっています。しかし、到着まではまだ時間がかかりますので、いまのうちにまた一つ、自慢話をさせていただければ幸いです。

海溝三重点に広がる、これから見にいく最後の絶景が「坂東深海盆」です（図１－37）。何を隠そう、この地形にそう命名したのは、私なのです。海上保安庁では海底地形名の国際的な標準化に取り組んでいて、「海底地形の名称に関する検討会」を開催しています。私も縁あって参加していて、これまでにいくつか地名を提案し、採用されているのですが、その一つが坂東深海盆なのです。

「坂東」とは、いうまでもないかもしれませんが関東地方のことを指す古い言葉で、おもに奈良

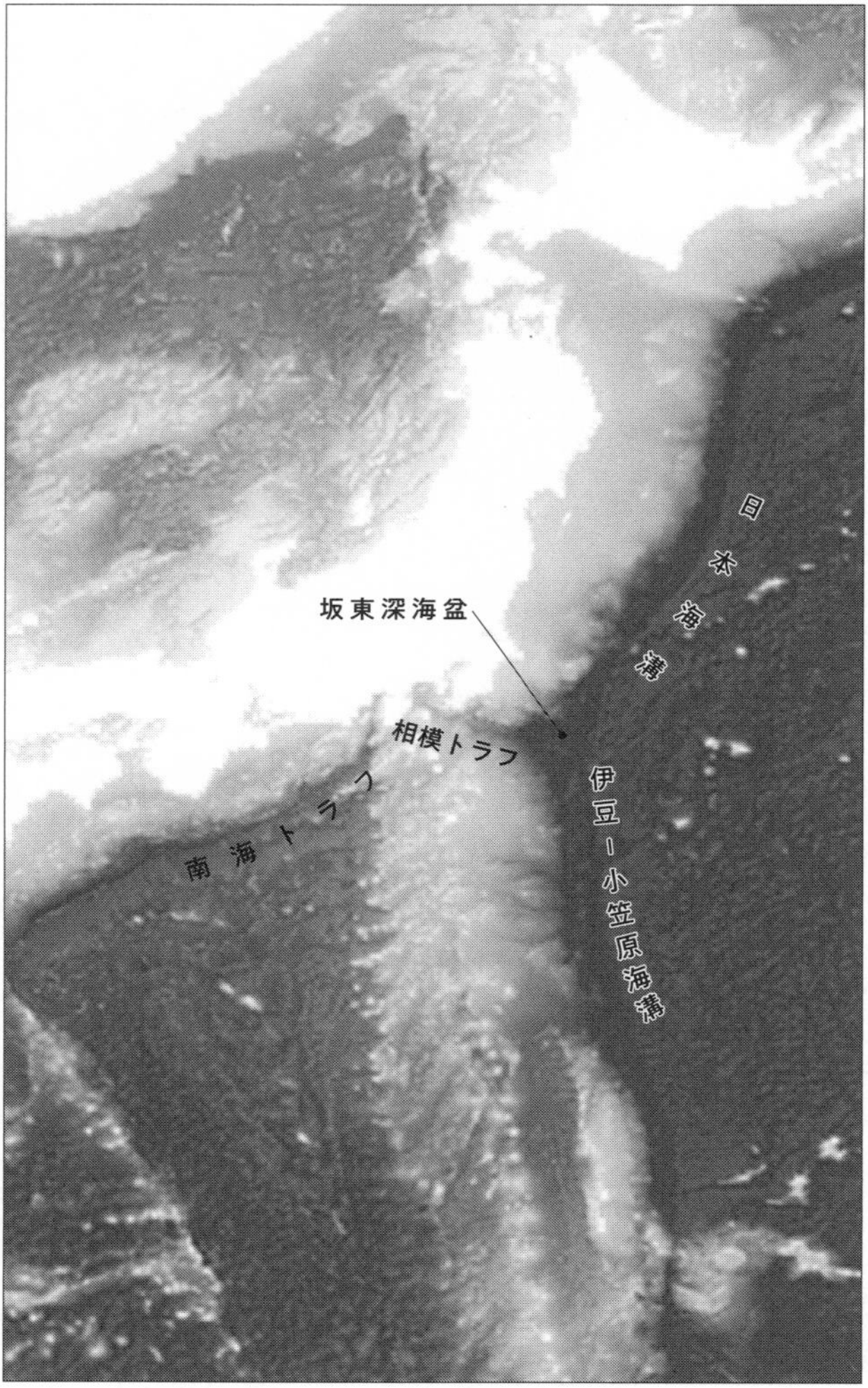

図１－37　坂東深海盆
世界一周コースでは最も深い場所にある（命名は著者）

時代から平安時代にかけて使われていました。「坂」は駿河（静岡県）と相模（神奈川県）を隔てる足柄峠と碓氷《うすい》峠のことで、坂東は「坂より東」という意味です。のちには「坂」が箱根の関所を表す「関」に転じて、「関東」となったわけです。

私が坂東という言葉を地名にもってきたのは、坂東深海盆が、関東地方からのすべての土砂が最終的に流れ込む、いわば堆積物の終着駅だからです。なぜ関東ではなく坂東にしたのか、ですか？　だってそのほうが、かっこいいじゃないですか（笑）。しかしもう一つの理由として、関東最大の河川である利根川の異名「坂東太郎」にあやかり、堆積物を運ぶ「川」のイメージをもたせたかったこともあります。

深海のブラックホール

いま、ここまでひたすら下降を続けていた「ヴァーチャル・ブルー」の目の前に、平坦な面が現れました。じつは、ここは一辺がなんと約１００㎞もある巨大な三角形なのです。平坦なのは、関東一円の堆積物がたまっているからです。ところどころに尖った出っ張りが見えるのは、プレートと一緒に引きずり込まれた海山の残骸でしょうか。

平坦面に降り立ち、三角形の中心へ向かいます。そこには、さらなる窪みがあります。いま、窪みを降りきり、いちばん底に着きました。坂東深海盆に到着です。水深は約９２００ｍ。エベ

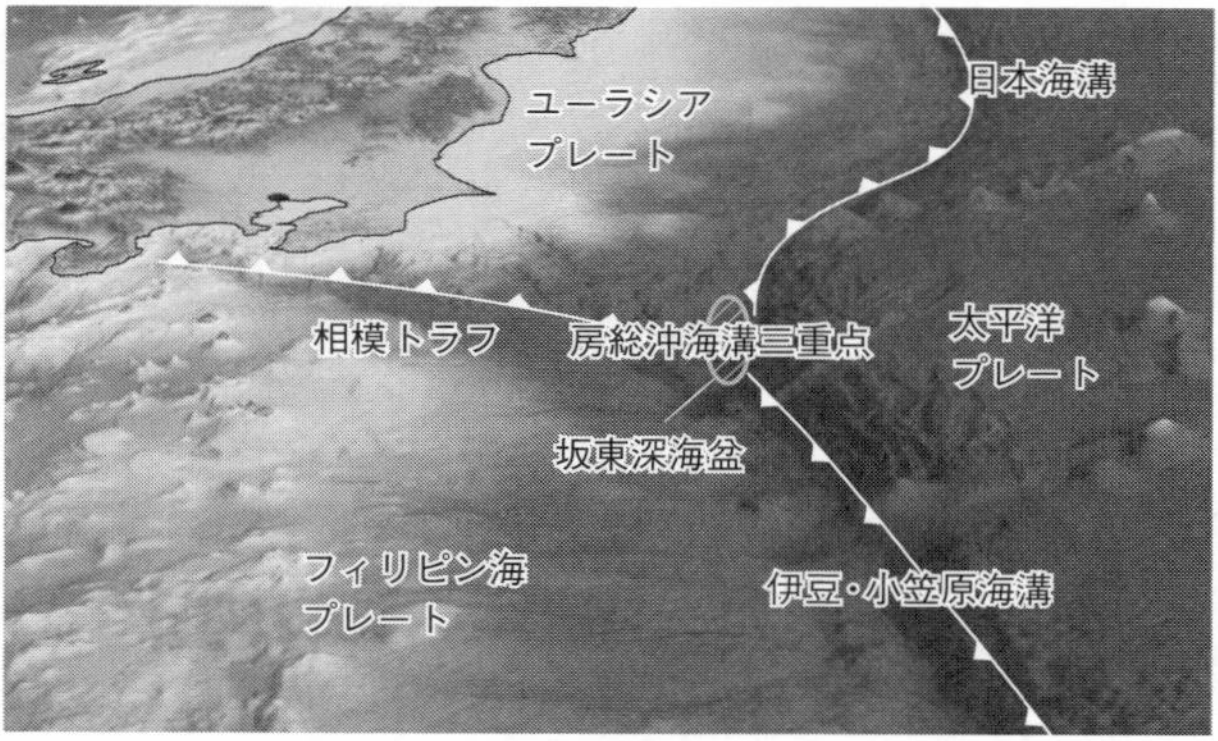

図１－38　海溝三重点とその周辺
３枚ものプレートが沈み込む世界唯一の場所

レストがすっぽり入ります。この旅で最後の絶景は、この旅で最も深い場所でもあります。

実際には、この深さには「しんかい６５００」でも潜ることは不可能で、私自身は最深点にまで降りたことはなく、以前にＪＡＭＳＴＥＣで稼働していた1万m級の潜水調査船「かいこう」だけが潜航を経験しています。そこはヴァーチャル潜航ということでお許しください。

いまは私なりに、坂東深海盆ではどんな景色が見えるかを思い描いてみます。おそらくは堆積物がつくった平らな面がどこまでも続いている、奇観とはいえますが単調な風景でしょう。それだけなら、第二景の深海大平原ですでに見てきました。

しかし、あらためて言いますが坂東深海盆は、日本海溝、相模トラフ、そして伊豆－小笠原海溝という三つの海溝が一点で接している海溝三重点にあります（図1－38）。じつは、そのような場所は、世界にここしかないのです。分厚い堆積物に隠れていますが、そこでは3枚ものプレートが沈み込み、地中深くに呑み込まれています。まるで深海のブラックホールです。

ただ、本物のブラックホールと違うのは、ここはプレートが消滅するだけの場所ではないということです。海溝から地下に呑み込まれたプレートは、溶かされてマグマとなり、あるいはプルームとなって、海嶺や海台や海山から再び噴き出し、これまでに見てきたようなさまざまな絶景を、また新たにつくりだしています。そして、このような消滅と再生の循環こそが、地球を太陽系のほかの惑星とはまったく異なるものにしているのです。

坂東深海盆は「板没する国」を象徴するような場所です。そこは関東の堆積物の受け皿というだけでなく、そうした地球の大循環の一翼をになうという存在意義もあるのです——と言うと、名づけ親の身びいきが過ぎるでしょうか。

伊豆－小笠原海溝の「蛇紋岩海山」

これで深海底世界一周の絶景ポイントは、すべて潜航しました。あとは出発地の宮古港に帰還するだけです。ただ、一つ心残りがあります。海溝三重点を構成する三つの海溝のうち、日本海溝と相模トラフは潜航しましたが、伊豆－小笠原海溝には潜っていないことです。

しかし、伊豆-小笠原海溝は坂東深海盆の南東に走っています（142ページの図1-37参照）。坂東深海盆の北西にある宮古港とは方向が正反対です。さすがにもう一度、太平洋沖に舵を切る気にもなれません。そこで宮古に帰還するまでの間、また私が急流下りの船頭さんよろしくこの海溝についての話をすることで、お許しいただくことにします。

伊豆-小笠原海溝は、南の端がマリアナ海溝とつながっています。マリアナ海溝といえば世界最深のチャレンジャー海淵が有名ですが、すでにお話ししたように、文字どおりマリアナ型のプレートの沈み込みの代表格でもあります。つまり、古くて重い太平洋プレートが、深い傾斜で沈み込んでいます。そして、伊豆-小笠原海溝もまた同様の、マリアナ型の海溝なのです。

この二つの海溝には、ある大きな特徴がみられます。プレートが沈み込む方向の陸側の斜面に、富士山クラスの巨大な海山がいくつも並んでいるのです。それ自体、絶景といえますが、通常は海溝でできる火山といえば、第二景の深海大平原のところで少しふれた島弧―海溝系の火山であり、海溝から200㎞ほど陸側に火山フロントを形成するものです。これほど海溝に近いところに海山の列ができていることが、長きにわたって謎だったのです。

謎解きに挑んだのはハワイ大学の地質学者パトリシア・フライアーでした。彼女は長年かけて海山の石を採取して調べ、これらの海山はすべて蛇紋岩《じゃもん》でできていることを突きとめたのです。それは衝撃的な結果でした。

蛇紋岩は、地下の深部でマントルを形成している橄欖《かんらん》岩が、水に触れるなどして変質してできる岩石です。橄欖岩は透明感のある美しい緑色ですが、蛇紋岩は黒みを帯びた深緑色になります。通常は、海山といえばおもに玄武岩のマグマが固まってできているものです。蛇紋岩でできた海山があるとは驚くべきことでしたが、フライアーはこう考えました。マリアナ型の沈み込みをする太平洋プレートは、1億数千万年をかけて移動してきて、大量の水を含んでいる。プレートが海溝に沈み込むと、地下のマントルに水が供給されて橄欖岩が変質し、大量の蛇紋岩になる。蛇紋岩に変質すると密度が小さくなるため、地表に上がってきて、海山をつくるというわけです。

私も『サイエンティフィック・アメリカン』に掲載された蛇紋岩海山についての論文の翻訳を頼まれたことがあるのですが、一読して仰天したものでした。

雪の研究で有名な物理学者の中谷宇吉郎は「雪は天からの手紙である」と言いましたが、それにならえば「蛇紋岩は地下からの手紙である」と言えます。蛇紋岩には、それが橄欖岩であったときに形成していたマントルの化学組成などの貴重な情報が記されているからです。

もう一つ、蛇紋岩にまつわる興味深いテーマがあります。それは「生命の起源」です。橄欖岩には、水と反応すると多くの水素ガスやメタンガスを発生させる性質があります。熱水噴出域で見てきたように、それは化学合成生物にとっては〝ごちそう〟です。そして生命誕生以前の初期地球には、現在よりも多くの蛇紋岩が存在していた可能性があります。だとすれば、地球で最初の生命は蛇紋岩のおかげで誕生したのかもしれません。

現在、マリアナ海溝や伊豆-小笠原海溝での蛇紋岩海山の調査は一段落した感があります。しかし私は、なぜ蛇紋岩が上がってきて大きな海山をつくったのかについては、まだ決着はついていないと考えています。そして、冥王代と呼ばれる地球の初期には、地球上の岩石のかなりのパーセンテージを蛇紋岩が占めていたと考えられます。蛇紋岩海山の成因を突きとめることができれば、冥王代の「蛇紋岩ワールド」にも迫れるかもしれません。

伊豆-小笠原海溝にはほかにも面白い論点がいろいろとあるのですが、そろそろ時間のようです。みなさん、おつかれさまでした。「ヴァーチャル・ブルー」はいま、無事に宮古港に帰還しました。「見えない絶景」をめぐる世界一周の旅を終えて、みなさんの地球の見え方が、旅の前と少しでも変わったと感じていただければ、私としては大きな喜びです。

しかし一方では、この旅によってさまざまな疑問が湧いてきたという方もいらっしゃるのではないでしょうか。少し休んだら、次はそうした疑問に答えていくことにしましょう。

第2章 深海底巨大地形の謎に挑む

巨大地形はなぜ深海底に多いのか

みなさん、少しはお休みになれましたか。「ヴァーチャル・ブルー」は「しんかい6500」に比べれば天国のような乗り心地でしたが、それでも深海底を潜航し、ときには山脈も飛び越える高低差1万5000m以上の世界一周は、相当に大変な旅だったかと思います。

絶景の数々にはさぞ度肝を抜かれたことでしょうが、いま振り返ってみて、みなさんの頭の中にはおそらく、こんな疑問が渦巻いているのではないかと思います。

――なぜ深海底の地形はこんなにも巨大なのか？

もっともな問いです。陸上で暮らすわれわれには、深海底の地形はどれもこれも、想像を絶してあまりある巨大さです。いったいなぜ、こんな途方もないサイズになるのでしょうか。

そう聞かれると私はいままで、次のように答えていました。

「地球は海と陸の比率が7：3で海が大きいから、巨大地形も海のほうが多くなる」

するとたいていの人は、がっかりしたような顔になります。たしかに妥当な答えだとしても、これではただの比率の話ですから、サービス精神には欠けているかもしれません。

じつは私も、正直に言えば、いままでこの問いについて本気で考えたことがなかったような気がします。この本を書こうと思うまでは。なぜ巨大なのかを考えるためには、それらの地形がどのようにしてできたのかを考えなくてはなりません。それを突きつめていくと、ついには約46億年前に地球が誕生してからの、最初期にまでさかのぼることになります。それは地球が現在のような姿になるまでの歴史にほかなりません。地形が巨大なわけを考えることは、そのくらい大がかりなことなのです。

そこで本書の後半では、巨大地形を手がかりにこうした地球の形成史をみていくことにしたいと思います。これまでは深海底をめぐる旅でしたが、ここからは、いわば時間をさかのぼる旅です。巨大地形には、地球のなりたちが刻まれているのです。

この章では、そうした大きなテーマに向かう前に、それぞれの巨大地形のなりたちにまつわる疑問を、謎解きのかたちをとりながらみていくことにしましょう。

海溝はなぜ太平洋に多いのか

深海底世界一周では第一景が日本海溝でしたから、まずは海溝についてみていきます。ほかにも、第七景でチリ海溝を、第十景では海溝三重点である坂東深海盆も見てきました。

海溝とは何かとあらためて聞かれたら、みなさんはもう、単に「海の深いところ」だけではなく、「プレートの沈み込みによって海が深くなっているところ」と答えていただけると思います。海溝の深さは、しばしば陸上の山の高さを上回ります。世界最高峰のエベレストは、世界最深のチャレンジャー海淵にすっぽり収まります。地球は陸の高さより、海の深さのほうが上回っているのです。

現在の地球上では、海溝は非常に偏った分布をしています。ほとんどが日本列島を含む、環太平洋の大陸の縁に分布しているのです（図2－1）。アリューシャン海溝、千島海溝、日本海溝、マリアナ海溝、フィリピン海溝、ヒクランギ海溝、ケルマディック海溝、中央アメリカ海溝、ペルー海溝、チリ海溝などです。これら環太平洋の海溝へと沈み込んでいるのは、世界一周で見た東太平洋海膨で形成された、太平洋プレートです。

ところが、不思議なことに大西洋には、大きな海溝はほとんど見当たらないのです。

なぜ海溝がこのような分布になっているのかは、一つの謎です。その理由としては、太平洋が超大陸パンゲアの時代からある古い海であり、古くて重いプレートが沈み込むために海溝がたくさんできたのに対し、大西洋はパンゲアが引き裂かれてできた新しい海なので、まだプレートの沈み込みが進んでいないため、という説明は考えられます。とはいえ、世界一周で見たチリ海溝や南海トラフは、若いプレートが沈み込んでいるのにちゃんとした海溝になっているので、この説明では不十分でしょう。謎は、謎のままと言うしかありません。もっとも、このようなことを本気で考える人もいままで少なかったと思いますが。

ところで、海溝はいずれも、大陸の輪郭をなぞるように、緩い円弧を描いています。これはな

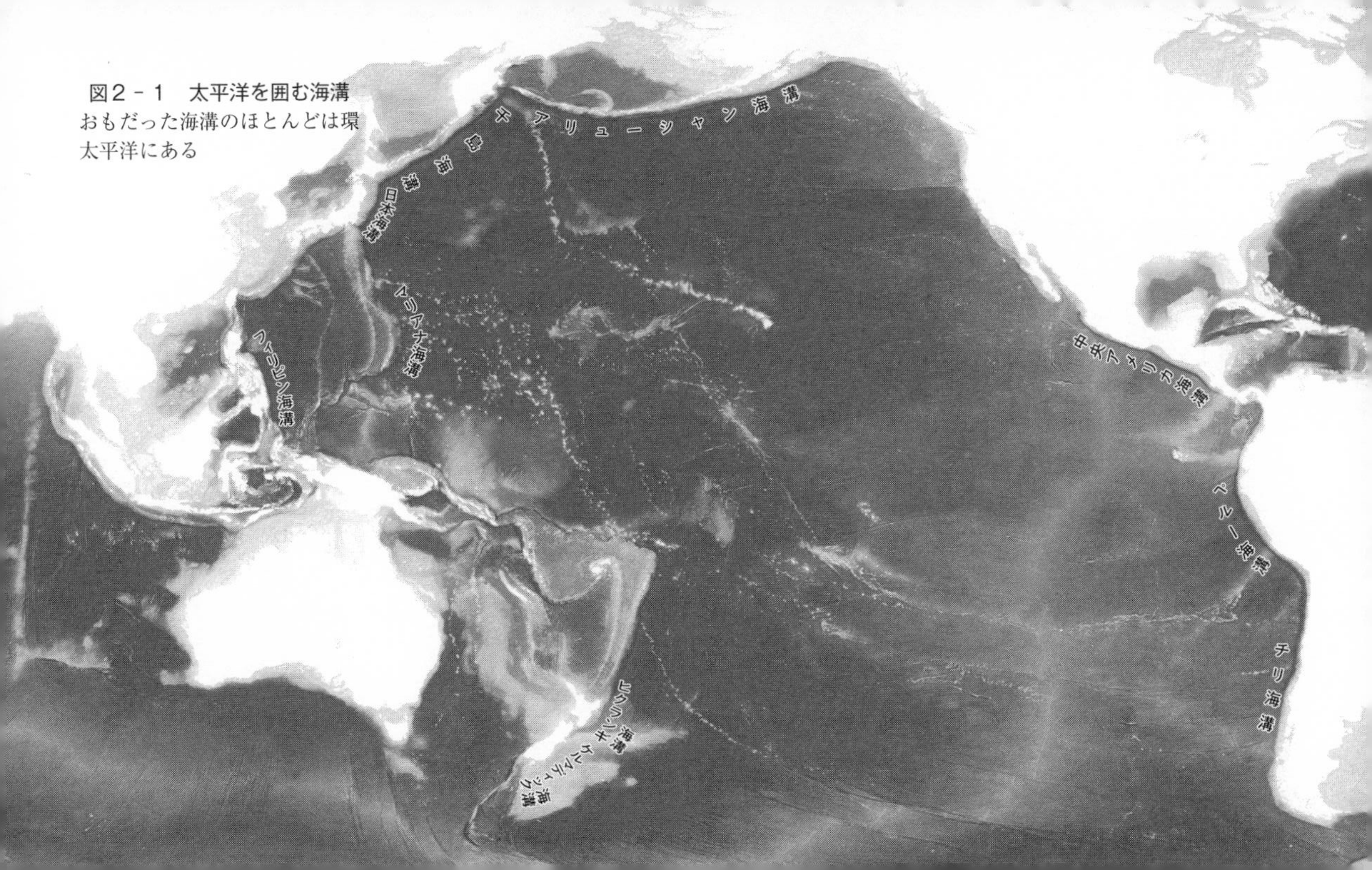

図2－1　太平洋を囲む海溝
おもだった海溝のほとんどは環太平洋にある

ぜでしょうか。
プレートをつくりだしている海嶺は、ほぼ直線的な形をしています。したがってプレートも、端はほぼ直線状の板のようになっています。プレートが海溝にたどりつき、沈み込もうとすると、プレートと海溝の交線が、平面の板を丸い球にあてがうときのように円弧を描くことはご想像いただけるのではないでしょうか。プレートが沈み込むためには、海溝はそのようなかたちにならざるをえないのです。

また、海溝ではプレートは鉛直方向にも大きくたわみます。板をゆっくり曲げていくと、曲がる直前の部分が盛り上がりますが、それと同じです。プレートが沈み込む場合も同様な現象が起こり、沈み込む直前で盛り上がって地形的な高まりをつくります。これは「アウターライズ」と呼ばれる地形です。ここではプレートに大きな歪《ひず》みがたまり、そのためプレート自身がちぎれるような大きな地震が起こったり、裂け目ができてマグマが出てきたりします。第二景の深海大平原で見たプチスポットも、アウターライズの付近でできています。日本海溝の海側斜面で見た〝マネキン谷〟の裂け目もアウターライズの一部だと考えられます。

そのほか、プレートが複数の海溝に沈み込んでいて、それぞれの海溝が異なった方向を向いていると、それらの海溝の境界で「カスプ」という構造ができます。この言葉はもともと、海岸に異なる2方向から来た波がつくる、海側に頂点をもつ三角形の構造を指しています。

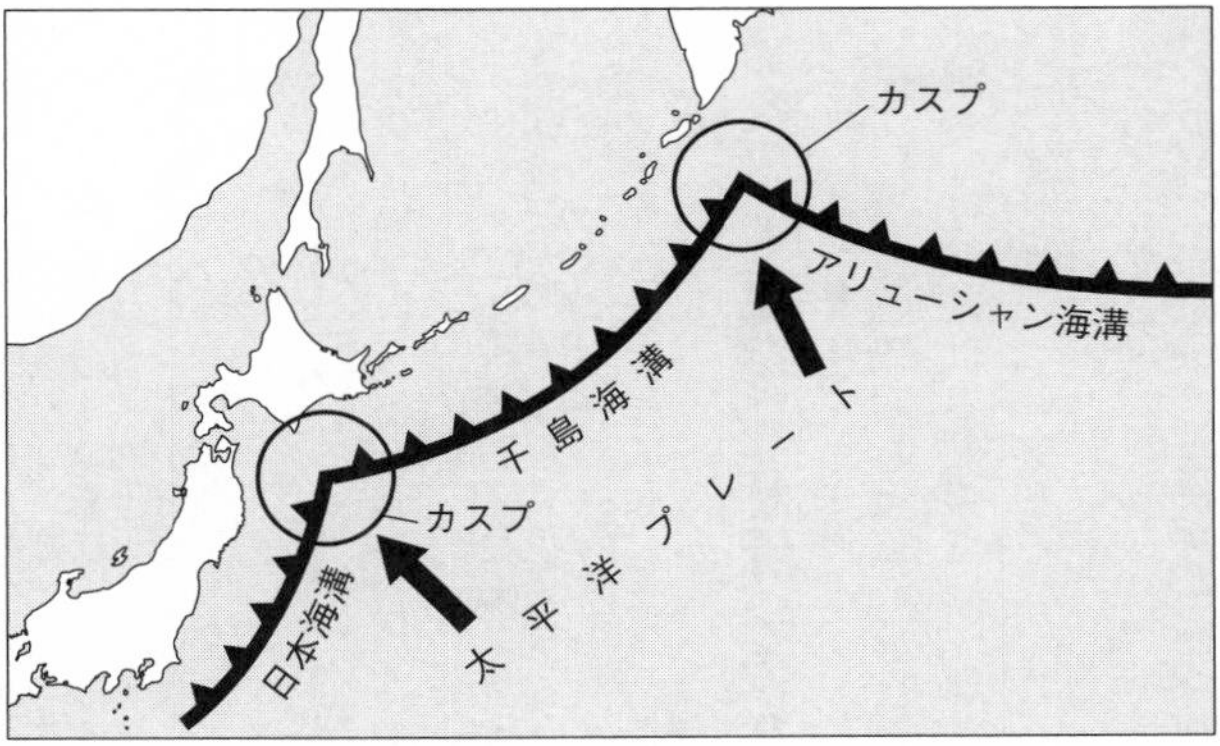

図２－２　カスプのイメージ
太平洋プレートと３つの海溝とでできる例

たとえば、千島海溝は北東方向に延び、日本海溝はほぼ南北方向に延びていますが、襟裳海山のところで会合しています。ここに太平洋プレートが沈み込むときは、境界線の接点で凸になる（盛り上がる）か、下に凹になる（落ち込む）かしなければ、地下に潜り込むことができません。この凸あるいは凹がカスプです（図２－２）。日本列島は五つの海溝が取り巻いていて、それぞれが接点でカスプをつくっています。これによってプレートは大きく歪み、海溝の会合部で大きな地震を発生させたり、巨大カルデラをつくるような大規模な火山活動を引き起こしたりするのです。

このように、プレートが海溝に沈み込むときは、円弧を描いたり、アウターライズやカスプができたりと、さまざまに変形しています。このようなことが起こるのは、沈み込むプレートが十分に冷えて硬くなっているからです。まだ熱い半液体のマグマのような状態では、プレートは原形をとどめることができません。つまり、このようなかたちをした現在の海溝は、プレートができてからある程度の時間がたってからつくられたと考えられるわけです。では、それはいつごろのことだったのでしょうか。

それは結局、「プレートがいつ地球にできたのか」という問題になります。これは、現在の地球科学でもいまだに結論を出せていない大問題です。おそらく初期の地球では、たとえプレートができていてもまだ高温で軟らかであったと思われます。では、そのころ海溝はすでにあって、プレートが沈み込んでいたのでしょうか。だとすれば、その海溝はどのような姿だったのでしょうか。そうしたことにも、まったく結論は出されていません。

海溝はなぜ深いのか

さて、では海溝はなぜこれほど深いのでしょう。現在、マリアナ海溝のチャレンジャー海淵で観測されている世界最深点は、高さ8848mのエベレストよりも深い1万927mです。

この謎を解くキーワードが「アイソスタシー」です。

お聞きになったことがある方もいると思いますが、これは「地殻平衡」とも訳される言葉で、おおまかに言えば、地球の表層の地殻は、その下にあるマントルの上に、ぷかぷかと浮かんでい

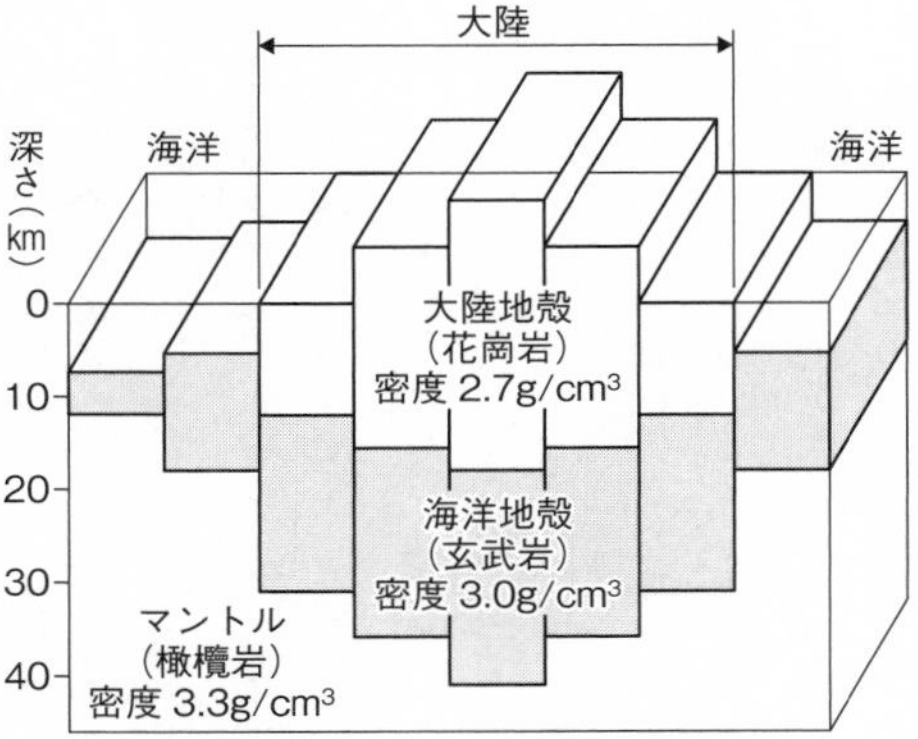

図2－3　アイソスタシー
地殻はロックグラスのように海に浮かんでいる

るようなものだという考え方です（図2－3）。陸上の地殻をつくっているのはおもに花《か》崗《こう》岩で、海底の地殻はおもに玄武岩でできています。そしてマントルはおもに橄欖《かんらん》岩からできています。花崗岩と玄武岩は橄欖岩に比べて密度が小さいために、地殻がマントルの上に浮くのです。

　水に浮かべた氷を想像してください。水はマントルで、水面から顔を出した氷が、地殻だとします。水面上の氷が大きいと、水面下に隠れた部分も、浮力の関係で大きくなることはおわかりいただけると思います。このつりあいがアイソスタシーです。

　マントルの上に浮かんでいるこの地殻を上から押して沈めようとしても、アイソスタシーによって下から押し返されるので、それほど沈めることはできません。こうした関係が、実際に海洋地殻とマントルの間で成り立っています。海洋地殻はプレートと言い換えてもかまいません。海嶺でつくられたプレートは、年代を経るとともに冷やされて重くなり、移動しながら沈んでいきます。できてから1億年ほどたつと、5500mくらいの深さまで沈みます。しかし、そのあとはそれほど沈みません。アイソスタシーが成り立っていて、押し返されるからです。

ところが、プレートの沈み込みが起こる海溝では、話が変わってきます。プレートが無理やり引きずり込まれて、マントル下部の7000mほどの深さにまで達するため、アイソスタシーが成り立たなくなるのです。そのため、プレートはさらにぐっと沈み込んでいき、海溝は急激に深くなるというわけです。これが、海溝が深くなる理由です。

では、海溝はどこまで深くなれるものでしょうか。地球上で最もプレートが引きずり込まれている場所を探してみれば、三つの海溝が一点に会合している世界唯一の海溝三重点に目がいきます。世界一周の最後に見た坂東深海盆です。その水深は9200mであるとお話ししました。それだけならチャレンジャー海淵に及びませんが、どっこい、ここには日本列島中から削剝されて川と一緒に流れ込んだ堆積物が集まっていて、その厚さは2000m以上にも達します。それをはぎとってしまうと、裸のプレートの表面は水深1万1200m以上ということになります。おそらくこの深さが、海溝が深くなれる限界ではないでしょうか。

海嶺はなぜ長いのか

プレートが沈み込む海溝の次は、プレートを生みだす海嶺に目を転じます。世界一周では第六景で東太平洋海膨、第八景で大西洋中央海嶺、第九景で中央インド洋海嶺と「海嶺三兄弟」を見てきましたね。

あらためていえば、海嶺は海の中ですべてつながっている海底山脈で、幅約1000km、比高約3000m、長さは地球の2周分である約8万kmにも及ぶ、巨大地形の王者です。繰り返しますが、一度でいいから海水をすべて取り去って、その絶景を遠望してみたいものです。

海嶺では地下から上昇してきたマグマが固まって、新しいプレートになっています。マグマとは溶鉱炉の鉄のようにどろどろに融けた液体の溶融物で、それが冷えて固まったものが玄武岩などの固体の溶岩です。海嶺でマグマからつくられたプレートが、海溝に沈み込み、またマグマに戻るという循環が、地球という惑星の根幹をつくっているプレートテクトニクスです。

さて、この海嶺についても、いくつかの謎があります。そもそも海嶺はなぜ、こんなにも長いのでしょうか。

海嶺からマグマが出てくるしくみは、上昇してきたマントル物質が、圧力が下がることによって一部が融けてどろどろになり、地表へ上がってくるというものです。これを減圧部分溶融とい

図2－4　ラキ火山

います。そしてこのしくみは、ハワイのホットスポットで形成されるリフトや、アイスランドの大西洋中央海嶺が地表に露出している「ギャオ」と呼ばれる裂罅《れっか》（難しい字ですが「裂け目」という意味です）からマグマが出てくるしくみと同様であり、これらを観測することでくわしいメカニズムを類推することができます。

　東京大学地震研究所の中村一明（故人）は、「ハワイではなぜ長いリフトが形成されるのか」という論文を発表しました。そのなかで彼は、ハワイのホットスポットでは「広域的な張力」（広い範囲に働く引っ張りの力）によって地表に長い裂罅ができて、それを満たすためにマグマが上がってくるのだと考えました。そして、それは海嶺で新しいプレートが生産される現象と同じであるという見方を提唱しました。

アイスランドでは、1783年にラキ火山が噴火したときに、長さ20㎞にもわたって溶岩が直線的な噴泉（ファイアーカーテン）をつくったことで有名です（図2-4）。これも広域的な張力によるものでしょう。ちなみにこのときの火山灰が日照量を減少させて気候を寒冷化させ、ヨーロッパに飢饉をもたらして、1789年7月14日のフランス革命の引き金になったと考えられています。

こうした広域的な張力が海底の地殻でも働き、そのためにできた長い裂罅を埋めるためにマグマが上がってきて、海嶺という長い地形ができたと中村は考えたのです。

ただし、マグマの上がり方は海嶺によって違うようです。東太平洋海膨の地下では、海底から深さ1㎞ほどのところにある「メルトレンズ」と呼ばれる、薄く長く伸びたレンズのような形をした場所にマグマがたまっていて（マグマだまり）、ここからいっせいにマグマが地表に上がってきます。このマグマは数百㎞にもわたって連続するため、長い構造となります。

一方の大西洋中央海嶺では、マグマは広域にというよりは、むしろ狭い場所に集中して上がってきます。そのことは、潜水調査船や深海掘削によって得られた岩石の分析や、重力や地磁気、熱流量の観測から推定されています。地下5㎞くらいのところに、一つの火山の山体に相当するようなマグマだまりがあって、そこからマグマが上がってくると考えられています。「線」というよりは「点」でしょうか。しかし、その点が無数といえるほどたくさんありますので、膨大な

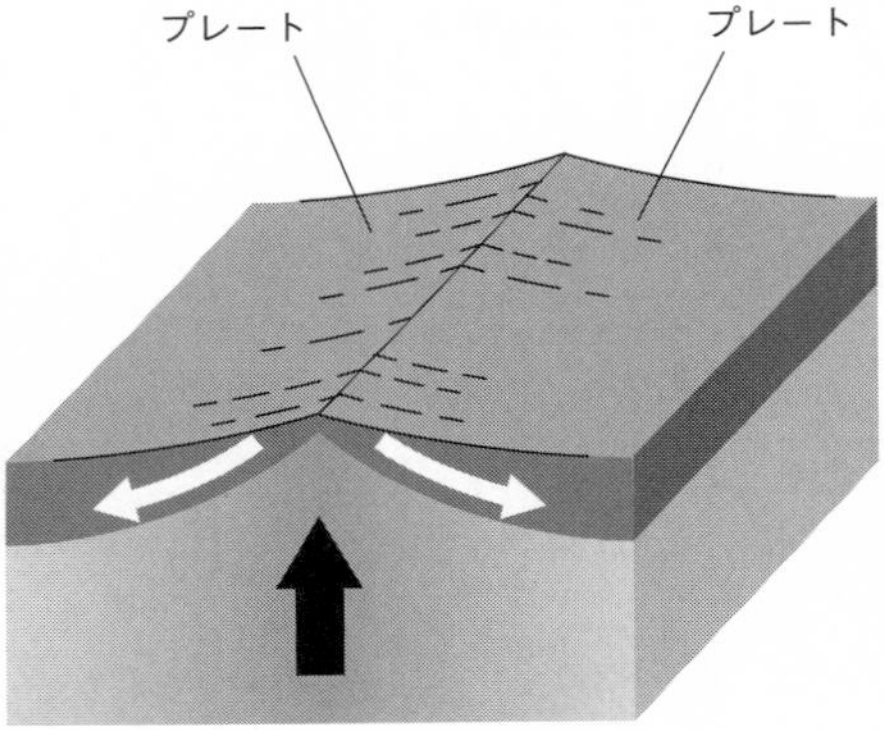

海嶺でのリッジ・プッシュ

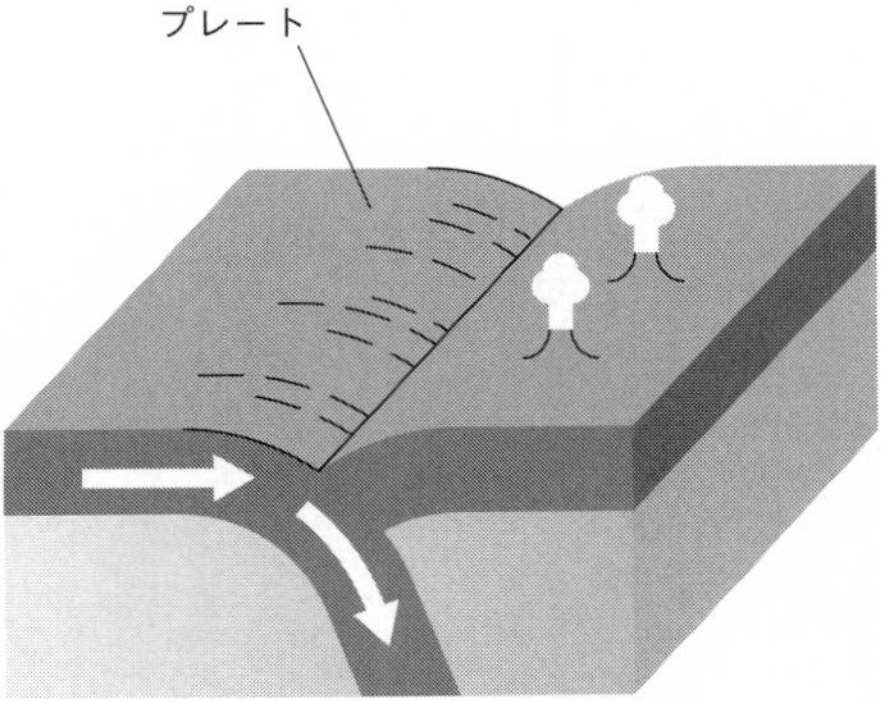

海溝でのスラブ・プル

図2－5　リッジ・プッシュとスラブ・プル
この２つの効果で海嶺は長く延びていく

量のマグマによって点がつながり、線と等しくなります。

では、地殻に広域的な張力が働くのはなぜでしょうか。それは、海嶺そのものに起因する場合と、沈み込むプレートに起因する場合の二つがあると考えられています（図２‐５）。

海嶺に地下からのマグマが積極的に供給されることで、プレートを海嶺の両側へと押しやっていく効果を「リッジ・プッシュ」（Ridge Push）といいます。一方で、海溝で沈み込むプレートの重みで、プレート全体が両側から引っ張られる効果を「スラブ・プル」（Slab Pull）といいます。スラブ・プルは「テーブルクロスモデル」ともいわれています。テーブルの上のクロスがある程度まで垂れ下がると、あとはずるずると自然に落ちていくのに見立てたものです。

東太平洋海膨では、両方の効果が相乗しています。すなわち、地下からのマグマによるリッジ・プッシュと、西側では太平洋プレートが日本海溝などで沈み込み、東側ではナスカプレートがチリ海溝へ沈み込むために生じるスラブ・プルによって海底が拡大するという図式です。そのため広域的に大きな張力が働き、長い海嶺ができると考えられます。

大西洋中央海嶺では、さきほどお話ししたように両側の端っこで海溝が発達していないため、大きな沈み込みは起こっていません。したがって地殻にかかる張力は海嶺そのものの働き、つまり、リッジ・プッシュによって起こります。これはハワイのリフトゾーンで地下からマグマが入り込んできてリフトが拡大していくという中村が考えたモデルの〝海嶺版〟と考えられます。

海嶺の規模にはまた、拡大の速度も関係してきます。速い拡大か遅い拡大かによって、大きさが違ってくるのです。一般的には拡大速度が速いほうが、地下のマントルの温度が高く融ける量が多くなり、地表への供給速度が速くなるので、海嶺の規模も大きくなります。

「海嶺はなぜ長いのか」については、とりあえずこのようなところで答えとさせていただければと思います。それは海底地殻に広域的な張力が働いた結果であり、とくに海溝へのプレートの沈み込みも加わったスラブ・プルの場合は、より大規模な海嶺ができるのです。東太平洋海膨がグラマーで、大西洋中央海嶺がスレンダーなのも、こうしたさまざまな要因によるわけです。

東太平洋海膨はなぜ東に寄っているのか

ところで、ここで話題にしている海嶺とは、もちろんプレートをつくる中央海嶺のことであり、「中央」とは海の真ん中に位置しているという意味です。しかし、実際には「海嶺三兄弟」のうち大西洋中央海嶺と中央インド洋海嶺は真ん中にありますが、東太平洋海膨はその名のとおり、ずいぶん東に偏っています。世界一周のときにもこれは謎の一つであるとお話ししましたが、その理由は何でしょうか。

それは、一つには海嶺とは動くものであるということがあります。未来永劫、同じ場所にあるわけではないのです。もともとは東太平洋海膨も太平洋の中央にあったのかもしれません。ではなぜ動いたのかといえば、太平洋には両端の海溝への沈み込みがあるので、チリ海溝と日本海溝の長年の綱引きの結果、少しずつチリ海溝が優勢になっていき、東太平洋海膨をここまで引き寄せた、ということが考えられます。

しかし、これはあくまでも机上の思いつきにすぎません。実際に観測などによって確かめられたことではないのです。そもそも、過去に海嶺が移動したかということを確かめるにはどうすればいいのかも、よくわかりません。これは、海溝がなぜ太平洋に偏っているのかという謎についても同じことが言えます。地球科学とはじつのところ、過去の検証が非常に難しく、限界をたくさん抱えている学問なのです。

しかし、思いつきはつねに重要です。そのことは、世界地図を眺めていて大陸移動説を思いついたウェゲナーの例が、何よりもよく物語っています。みなさんにもぜひ、細部にとらわれず地形図を大きな目で眺めて、あれこれと考えをめぐらせてみていただきたいと思います。何と言ってもそれが、地球科学という学問のいちばんの醍醐《だいご》味《み》だと思いますので。

トランスフォーム断層はなぜできたのか

世界一周では第五景で見た巨大断裂帯も、じつは海溝や海嶺とともに、プレートテクトニクスに非常に関わりの深い巨大地形です。ただし潜航中にお話ししたように、断裂帯とは、トランス

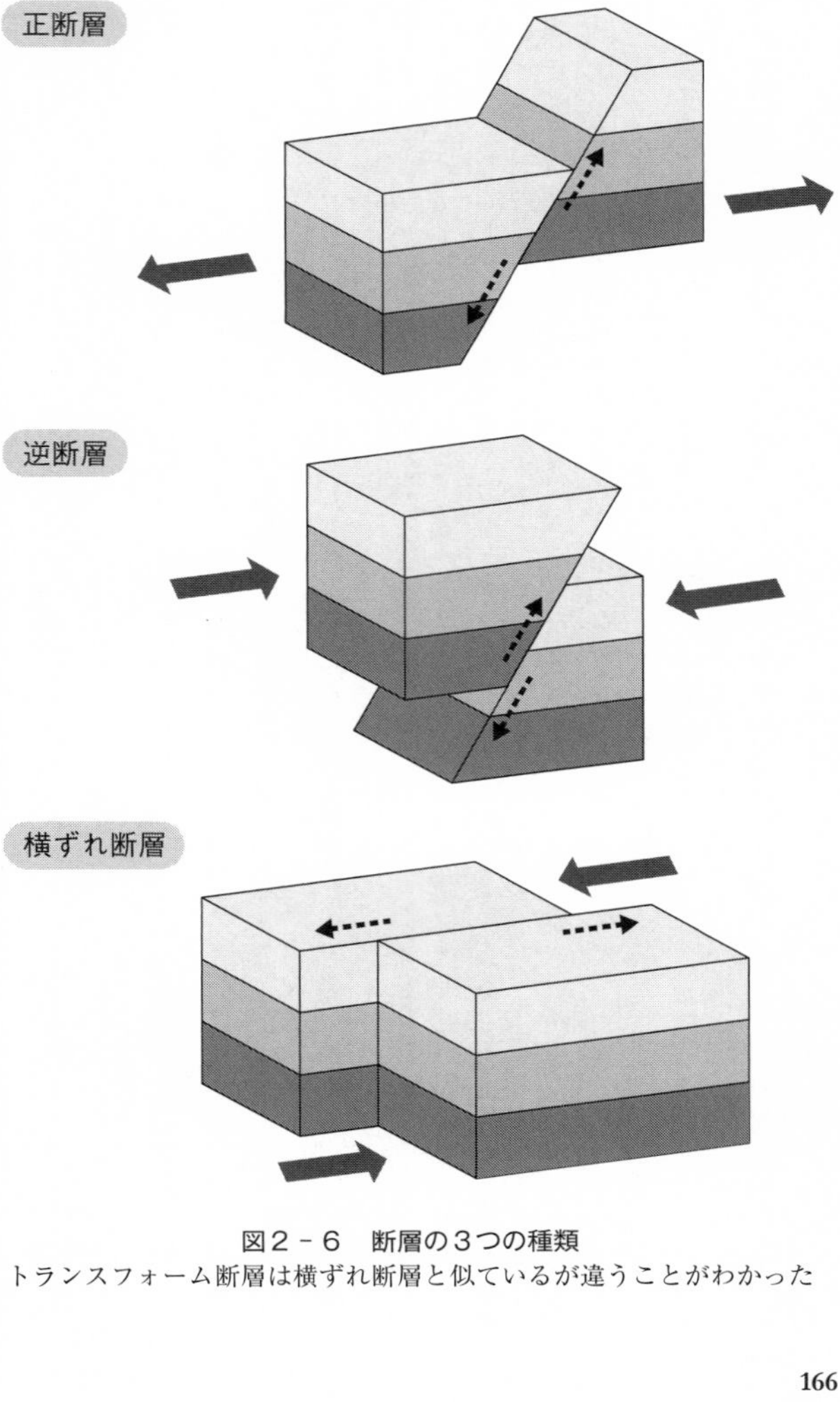

図２－６　断層の３つの種類
トランスフォーム断層は横ずれ断層と似ているが違うことがわかった

フォーム断層のいわば「痕跡」がつながっているものです。この章は巨大地形がなぜできるかというテーマなので、ここではトランスフォーム断層を主役にして成因を少しくわしくみていきます。

トランスフォーム断層とは、プレートがすれ違うところでできる断層です。断層には正断層、逆断層、横ずれ断層があり（図２－６）、トランスフォーム断層はもともとは横ずれ断層と考えられていましたが、ツゾー・ウィルソンが通常の横ずれ断層とは違うことを見いだし、１９６５年に『ネイチャー』誌に発表した論文で「トランスフォーム断層」と名づけました。トランスフォームには「変化」「変換」「変形」といった意味があります。ウィルソンは、海嶺などマグマの湧き出し口が二つあった場合に、その間でトランスフォーム断層ができると考えたようですが、ここではプレートテクトニクスを使って、トランスフォーム断層のでき方をわかりやすく説明してみましょう（図２－７）。

一つのプレートが移動するとき、平面の地図を見ているだけでは気づかないことですが、プレートは地球という球面の上を動きます。いわば、極（北極と南極）を結ぶ線を軸にした回転運動をするわけです。すると、極に近いところと赤道に近いところでは、同じ時間に進む距離は、極に近いほうが短くなります。このように海嶺から生まれたばかりのプレートの各所で、移動距離に差異があるために、プレートに歪みが生じます。やがて岩盤の弱いところで亀裂が走り、断層

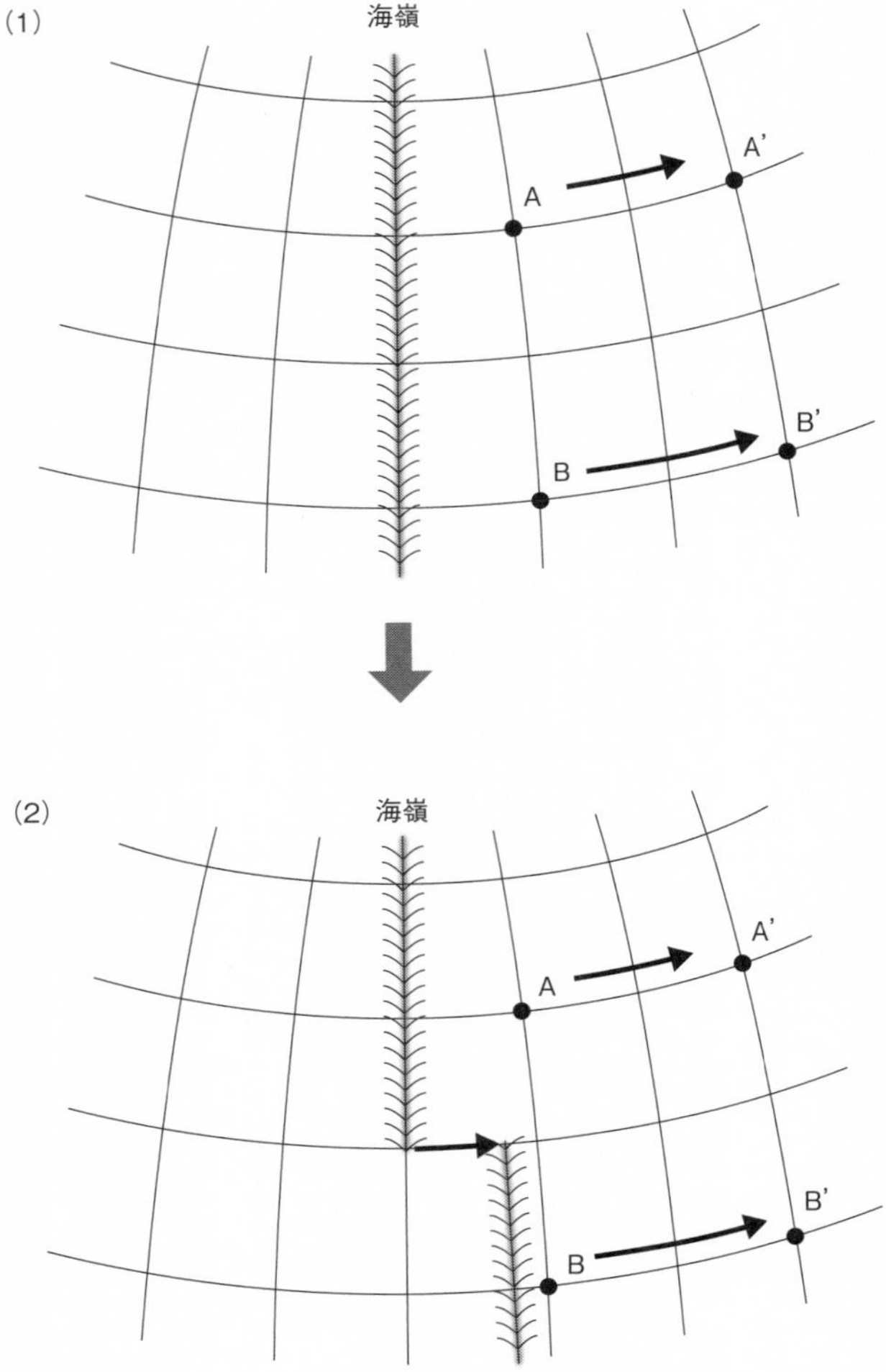

図2－7　トランスフォーム断層ができる理由

同じ海嶺から広がるプレート上に、AとBの2点がある。
（1）AはBより回転の極に近いためAA'とBB'の長さが違う
（2）プレートに歪みが生じ、トランスフォーム断層ができる

ができるのです。トランスフォーム断層がなぜできるか、おわかりいただけたでしょうか。

こうした成因により、トランスフォーム断層は海嶺を切るように、回転方向に平行に分布しています。いったい、いくつのトランスフォーム断層があるのか、この本を書きながら一度、数えてみましたが、とても無理だと思い断念しました。どこにどのくらい分布するのかは、プレートの拡大速度によると思われます。

海嶺はトランスフォーム断層によって切り刻まれているようにも見えます。ある断層から次の断層までの間は、ほぼ直線になっています。大西洋中央海嶺や中央インド洋海嶺では、そうした直線の長さは数十km〜１００km程度と短めですが、東太平洋海膨ではかなり長く、とくに南半球では南緯13度から20度くらいの約７００kmの間に、トランスフォーム断層は一つも知られていません。東京から岡山（新幹線で７３２km）くらいの間に、一つもないということです。このように、東太平洋海膨はきわめて直線的な海嶺なのです。

それはいったいなぜでしょうか。一つ考えられるのは、みなさんもすでにご存じのように、この海嶺がマグマの産出が活発で、拡大速度が大きいことです。とくにわれわれが世界一周で見てきた南緯18度付近は、１年間で最大18cmもの速度で拡大が起こっているともいわれています。この拡大速度が、断層ができる暇を与えないのではないかというわけです。

ところで、トランスフォーム断層の痕跡が延々とつながった断裂帯には、もはや年代不明のものがたくさんあります。その長さはとんでもなく、たとえば大西洋にあるケーン断裂帯は海嶺のずれそのものは200㎞ほどですが、断層が連続した断裂帯は大西洋の端から端まで約6500㎞にも及びます。太平洋のメンドシノ断裂帯は、その長さは7000㎞に及びますが、海嶺の片割れが見当たらないので、そのずれは7000㎞以上にもなります。モロカイ断裂帯は、北米の西海岸からなんとハワイ諸島のモロカイ島まで続いています。

トランスフォーム断層がずれまくって、その両側で年代が大きく異なるプレートが接するようになると、古いプレートのほうが冷たく重たいので、新しいプレートの下へ沈んでいくことが、最近の友田好文・松本剛によるシミュレーションで示されています。プレートの年代に2000万年の違いがあると、古いプレートが自発的に沈み込んでいくというのです。この友田らの論文にもとづいて、マリアナ海溝が、もとはトランスフォーム断層であったと提唱しているのが藤岡換太郎すなわち私ですが、それはともかく、トランスフォーム断層はときに、海溝にトランスフォーム（変化）することがあるのです。ウィルソンによる「トランスフォーム断層」という命名はまるでマジックのようなもので、プレート境界で海嶺を切る断層は、トランスフォーム断層にもなれば、海溝にもなりうるわけです。

トランスフォーム断層はこのように海嶺や海溝と密接な関係があり、初期地球の形成においても重要なメンバーなのです。

海台はなぜできたのか

世界一周では、第三景で見たシャツキー海台も、インパクトのある巨大地形でした。そして、コースには入っていませんでしたが、太平洋のさらに南、パプアニューギニア東沖にはオントンジャワ海台があります。その面積は日本の5倍以上の約200万㎢、厚さは30㎞以上と、シャツキーのさらに上をいく世界最大の海台です。こうした化けものじみた地形ができるのは、地下から上がってくるスーパーホットプルームが生みだすとてつもない量のマグマであることはお話ししました。ここでは少し視点を変えて、そのしくみをみていきます。

地球の中心部にある核は金属でできていて、外核と内核に分かれています。このうち、深さが2900~5100㎞ある外核は、最も内核に近いところで約6600℃、最も外側でも約4100℃という高温で、金属は液体になっています。そのため、地球の自転にともなって外核の内部では対流が起こっていて、外核の最も外側と、マントルの最下部とが接する境界（グーテンベルク不連続面）では、熱のやりとりや物質のやりとりが行われています。

マントルの深部では、この高温の金属による対流で熱せられて、マントルがゆっくりと、煙のように上昇を開始します。これがホットプルームです。しかし潜航中にもお話ししたように、通常は地下約670㎞までしか上がってこないのですが、大規模なものはそのラインを突破して上

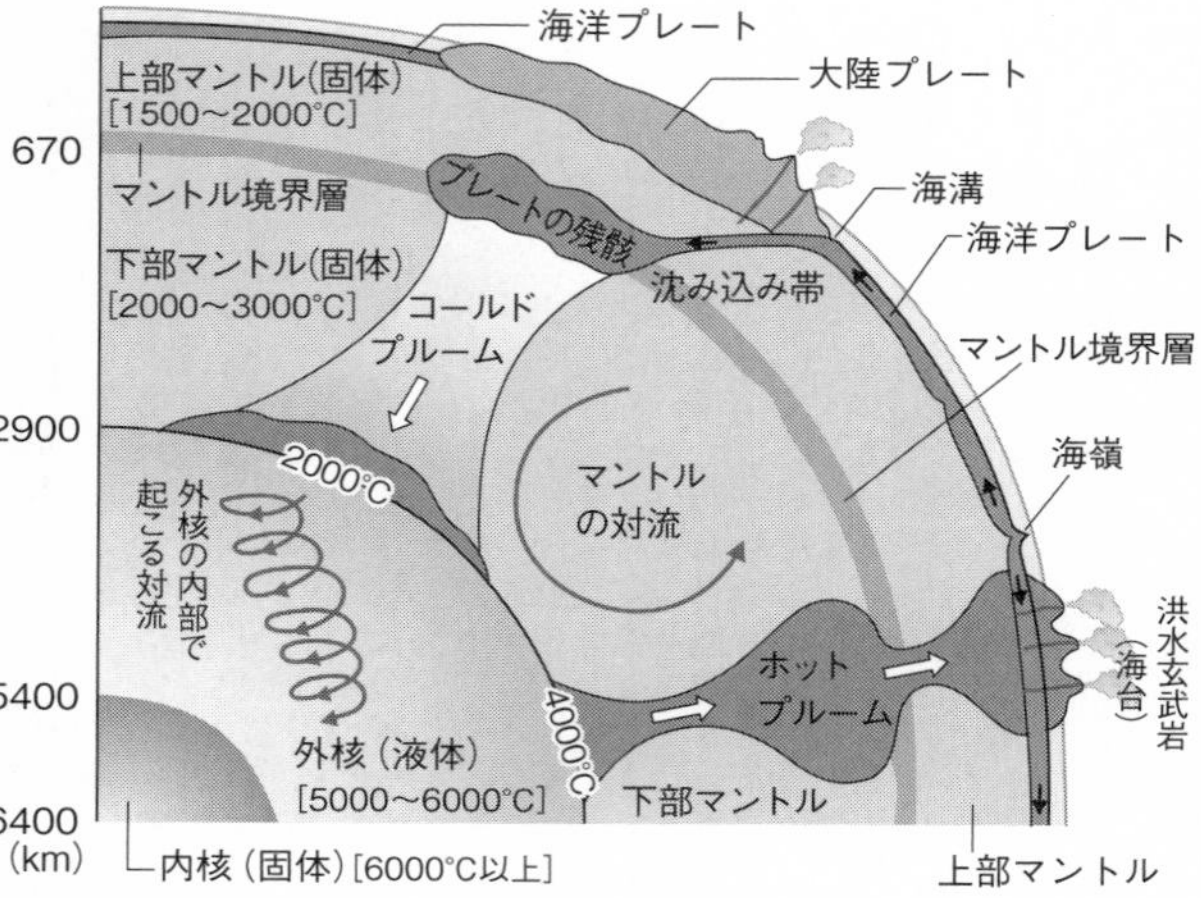

図2－8　プルームが生まれる場所
マントルと外核での熱や物質のやりとりがプルームを生む

昇します。これがスーパーホットプルームです（図2－8）。

何億年もかけて上がってきたスーパーホットプルームは、やがて地表へ到達します。その大きさは、直径が1000㎞を超えることがあります。これにより地表近くでマグマができると、膨大な量の火山岩をつくります。洪水玄武岩です。その集積が深海では巨大な海台となるわけです。

また、ホットプルームが枝分かれしてできた、直径200㎞程度の「小さな点」が、ホットスポットです。これは地球上に20ヵ所ほど知られています。

プルームは海陸を問わず、地球の巨大地形をつくってきました。では、そのプルームはなぜできるかといえば、ここでお話ししたように、高温の核がマントルと接しているからです。言い換えれば、地球の内部で、核とマントルとが分かれているからでもあります。これがプルームというものができたそもそものはじまりといえるのです。

では、それはいつごろのことだったのかといえば、地球の創成期ともいえる冥王代にまでさかのぼります。その話はのちほど、あらためてさせていただきます。

深海大平原はなぜできたのか

これが最もわからない巨大地形です。深海底では、太平洋の西側などに大平原すなわち広大な平坦地が見られます。それらは、とくに白亜紀中期につくられた大量のプレートの上で、海台や海山などのスーパーホットプルームによる高まりがつくられず、ただ堆積物によって埋積されただけの地形です。つまり、プレートをつくる火山活動だけがあり、それが終わったあとは、そこでは火山活動が何もない地域、ということになります。

陸上にも大平原はあります。それらは、スーパーホットプルームによってできた粘性の低いさらさらした玄武岩質の溶岩が、広大な面積を埋めることでできた平坦な地形であり、ブラジルのパラナ盆地や、インドのデカン高原などがそうです。

しかし、陸上のこれらの大平原は、溶岩の表面そのものであり、広大ではあるものの、凹凸に

図２－９　バルハン

は富んでいます。それに対して深海大平原は、広大であるうえに、プレートの凸凹をすべて堆積物が埋めてしまっています。

そういう意味では、陸上の地形では砂漠のほうがより近いのかもしれません。陸上にはアフリカ北部のサハラ砂漠や、ヒマラヤ北部のタクラマカン砂漠などの広大な砂漠がありますが、これらはおもに砂が集まって、地表の凹凸を埋めたものです。

しかし砂漠にも、砂丘や三日月形砂丘とも呼ばれるバルハンなど、砂でできた構築物がしばしばつくられていて、結構大きな凹凸となることもあります（図２－９）。では、なぜ深海大平原はこれほどまで平坦なのでしょうか。やはり、答えは見つかりません。この地形の謎解きについては、いまはこのあたりでご容赦いただくしかなさそうです。

鍵はプレートテクトニクスにあり

謎が残るのは、地球科学では致し方ありません。それでも巨視的に見れば、わかってきたことがあります。われわれがめぐってきた深海底のとてつもない巨大地形は、そのなりたちをたどれば、いずれもプレートテクトニクスと深い関係があることです。

プレートを生みだす海嶺と、プレートが沈み込む海溝、二つの地形は互いに絶え間なく連動することによって、とてつもなく巨大に成長しました。それによって派生的に、ほかの地形も巨大化していったのではないか、これが「見えない絶景」が生まれたシナリオではないかという気がするのです。

じつは、みなさんを深海底世界一周の旅にご案内した私のほうがいま、このことを考えるのに夢中になってきています。

われわれの寿命は、たかだか100年にすぎません。ホモ・サピエンスが地球に出現したのも、長く見積もってもせいぜい30万年前のことです。そのとき東太平洋海膨で生まれ、拡大を始めた太平洋プレートは、現在、ようやく45㎞ほど進んだところでしょうか。車なら1時間ほどで行けてしまう距離です。そんなわれわれの目には、海溝も海嶺も、いまある場所でじっとしているようにしか見えません。

しかし、じつはそうではなかったのです。海溝や海嶺は、最初から現在のような巨大地形ではありませんでした。人類の誕生よりも、生命の出現よりもはるか以前、おそらくはこの宇宙に太陽系第三惑星が形成されてまもない「冥王代」と呼ばれるころから、それらの原型はあったと考えられています。その後、考えると本当に気が遠くなりそうな時間を経て、海溝は深く、海嶺は長くなっていったのです。では、最初の海溝や海嶺はどのようなものだったのでしょうか。そもそも最初の海とは、どんな姿をしていたのでしょうか。そして海溝と海嶺をつなぐプレートは、いつ、どのようにしてできて、プレートテクトニクスはいつ始まったのでしょうか。

これらの、非常に興味深いテーマの数々は、じつはいまだに謎のままなのです。地球科学とは、どれだけ謎だらけな学問であることでしょう。次の章からお話ししていくことは、私なりの仮説にすぎません。みなさんがご自分なりの仮説を打ち立てても、まったくの自由ですので、そんなつもりで読んでみてください。

第3章 プレートテクトニクスのはじまり

プレートテクトニクスはいかにして始まったのか

深海底に絶景をつくりだしたのがプレートならば、それはいつ、どのようにしてできたのでしょうか。プレートテクトニクスはいつ、どのようにして始まったのでしょうか。

1967〜1968年にこの理論が提唱されてから、もう半世紀がたちましたが、こうした問題について真剣に議論されたことはほとんどなかったようです。これまでに地球科学の本もたくさん出され、海嶺や海溝でのプレートの動きや力学について解説されているものはありますが、そもそも「プレートありき」で、プレートのはじまりにまでは言及されていません。それは決して、研究者たちが不真面目だったからではありません。なにしろ初期のプレートはとっくに地球の内部に沈み込んでしまっていて、跡形もないのです。むしろ真面目だったからこそ、議論することができなかったのです。

是永淳の『絵でわかるプレートテクトニクス』（2014年、講談社）は、プレートやプレートテクトニクスのはじまりについて語った数少ない著作です。是永はこの本で、プレートテクトニクスについての謎を三つ挙げています。

（1）なぜ地球ではプレートテクトニクスが起こっているのか
（2）プレートテクトニクスは昔より現在のほうが活発なのか

（3）プレートテクトニクスはいつ始まったのか

このうち（1）は、同じ岩石型惑星でも火星や金星ではプレートテクトニクスは起こっていないのに、地球で起こっているのはなぜか、という謎で、（2）は、昔（すなわち冥王代）のほうが、プレートの運動は遅かったのではないか、という謎で、いずれも非常に興味深いものです。（3）は、それらよりも素朴な謎といえますが、結論としては、どの謎もよくわからないということのようです。それでも、難問であることが確認できたという意味では、貴重な問題提起であったといえるでしょう。

ただ、いささか不真面目な私に言わせれば、証拠がないからと議論せずにいるのは、地球科学のいちばん面白いところをみすみす捨ててしまっているようなものです。少ない手がかりから想像（ときに妄想）をふくらませるのは私が最も好むところです。そこで「ヴァーチャル潜航」に続いては「想像地質学」で、この難問に立ち向かってみたいと思います。

マグマオーシャン仮説の登場

まず考えてみたいのは、地球で最初のプレートは、どのようにしてできたのかということです。おそらくそれは、地球が誕生してから約6億年間の冥王代にできたのでしょう。現在の地球上には、冥王代に何が起こったかを示すものはほとんど残っていません。ならば、まずは最初のプレートができた当時、地球はどのようなものであったかを考えるところから始めましょう。

約46億年前、太陽系の中心に近い軌道をぐるぐると回っていた微惑星と呼ばれる岩石の星が、次々と衝突しはじめます。微惑星どうしは合体して大きくなり、やがて数十個の原始惑星となります。しばらく太陽の周囲を回っていた原始惑星は、また衝突合体を繰り返しはじめ、ついには現在のような数の8個の惑星がそろった太陽系の姿ができあがります。

太陽系第三惑星として誕生した当時の地球は、どろどろのマグマでできた球体であったという考えがあります。その理由は、太陽の周囲を回っていたときの微惑星や原始惑星の重力エネルギーが、合体によって莫大な熱エネルギーに変換されて岩石が融解するため、また、隕石などの衝突によっても高熱が生じて融解が進むため、と考えられています。これを「マグマオーシャン仮説」と呼んでいます（図3-1）。その表面がどろどろに融けた「マグマの海」であったと想定されることからきたネーミングです。

マグマオーシャンという考えは、1969年に人類を初めて月に送ったアポロ計画によって、月面から持ち帰られた岩石の研究から発想されました。

満月の夜に月を眺めると、月には白っぽい部分と黒っぽい部分があることが肉眼でもわかります。白っぽい部分は地形的に高く、地球の「陸」に相当します。黒っぽい部分は地形的にやや低く「海」と呼ばれています。持ち帰られた岩石の研究により、「陸」をつくっているのは「斜長《しゃちょう》

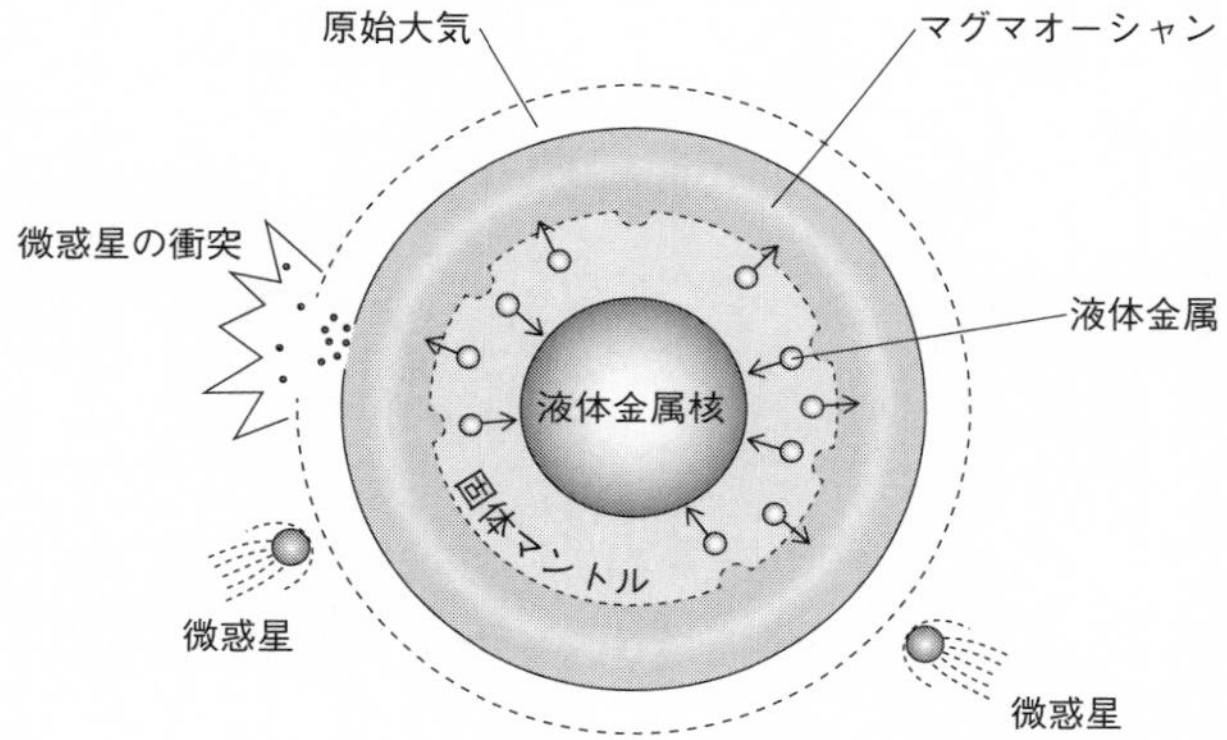

図３－１　マグマオーシャン仮説
微惑星の衝突によって「マグマの海」ができ、金属が融解して核をつくった

岩《がん》」と呼ばれる岩石であり、海をつくっているのは玄武岩であることがわかりました。斜長岩は地球ではほとんど見られない特殊な岩石で、組成としては、カルシウムに富んだ斜長石《せき》や、アノーソクレイス（アルカリ長石）がたくさん集まってできています（ややこしいですが、斜長岩をつくっているのが斜長石ということです）。

　では、いったいなぜ月の表面には斜長岩が多いのでしょうか。地球では特殊な岩石がなぜ月では表面に集まっているのでしょうか。その説明として考えられたのがマグマオーシャン仮説でした。

　それはこのような考え方です。月は昔、どろどろの液状のマグマでできていました。地球のマグマは橄欖岩や玄武岩、花崗岩、あるいは金属など、さまざまな成分でできていますが、その中に斜長石やアノーソクレイスも含まれています。月のマグマも大なり小なり地球と同様だったと考えられます。やがてマグマが冷えていくと、密度が大きい玄武岩はいちはやく結晶化して沈んでいき、その後、密度が小さい物質が結晶となって、逆にマグマの表面へと浮いてきます。斜長石やアノーソクレイスは玄武岩よりも密度が小さい部類の石なので、このようにして月の表面に効率よく集められ、斜長岩ができたのであろう、というわけです。逆にいえば、月が液状のマグマでできていたと考えないと、表面に斜長岩が多いことをうまく説明できないのです。

こうして、月においてまずマグマオーシャン仮説が考えられました。そして、月がそうだったなら地球も同様だったはず、と考えられたのです。地球の内部は地殻（玄武岩や花崗岩）、マントル（橄欖岩）、核（金属）などの層に分かれています。こうした現在の層状構造はそれぞれの密度の違いによると考えられ、地球もかつてマグマオーシャンだったとすることでうまく説明できるわけです。

ただし、この仮説にも弱点があります。すでにお話ししたように地球には、月のようには斜長岩が見られないことです。それは地球のマグマと月のマグマの組成の違いによるものなのか、それとも、何か別の理由があるのか。これがいまだに解けない大きな謎となっているのです。

こうしたネックがあることからいまだに仮説ではあるのですが、ここではわれわれも、マグマオーシャン仮説にのっとって考えを進めていくことにします。

図３－２　コマチアイト

月の斜長岩、地球のコマチアイト

では、地球のマグマオーシャンでは、月のマグマオーシャンにおける斜長岩のように結晶化して表面に現れた岩石はなかったのでしょうか。

じつは、あったのです。それは「コマチアイト」と呼ばれる岩石です（図３－２）。

その名前を初めて聞くと「小町石」などと書いてしまいそうですが、和名ではありません。世界でも一般的にはほとんどなじみがない岩石です。イギリスの地質学者アーサー・ホームズが１９２０年に出版した「石の辞書」ともいえる本にも載っていませんでした。南アフリカのバーバートン緑色岩帯は、40億年ほども前の古い地質帯として知られています。そこを流れるコマチ川に沿って露出するコマチ層という地層で見つかったことが、その名の由来になっています。コマチアイトは、きわめて古い地質体からしか見つけることができない石なのです。色は暗緑色で、表面に木の枝か草のような紋様（正体は橄欖石の巨大な結晶）があるため、日本では竹葉石《ちくようせき》と呼ばれることもあります。

その成分の特徴は、二酸化ケイ素（シリカ）の割合がかなり小さいことです。地球の岩石の性質は二酸化ケイ素の割合によって大きく左右され、割合が大きいもの（66％以上）を酸性岩、小さいもの（45～52％）を塩基性岩と呼んでいます。コマチアイトは45％以下で、超塩基性岩と呼ばれる部類になります。そのかわりマグネシウムや鉄には富んでいて、こうした岩石を「超苦鉄質岩」ともいいます。「苦」とはマグネシウムのことです。

コマチアイトのような超塩基性岩は、融点が非常に高いことが実験的にわかっています。マグマの成分としておなじみの玄武岩は塩基性岩で、その融点は約１２００℃と、一般的な火山岩としては最も高いのですが、コマチアイトの融点は１６５０℃にもなるのです。

さきほどお話ししたように、冥王代の地層からはこのコマチアイトがよく見つかっています。当時のマグマオーシャンは、この石がどろどろに融けるほどの高温だったと考えられます。そして、マグマの温度が少し冷えたとき、真っ先に結晶化して地表に出てきたのが、コマチアイトだったのでしょう。月の表面に斜長岩が出てきたように。

ところが、コマチアイトはその後、すっかり姿を消してしまったのです。表３－１をご覧くだ

火山岩		玄武岩	安山岩	流紋岩
深成岩	橄欖岩	斑糲岩	閃緑岩	花崗岩

少 ←――― 二酸化ケイ素 ―――→ 多

表３－１　火山岩と深成岩の対応

二酸化ケイ素の割合が同じ岩石が、上下で対になっている。右へいくほど二酸化ケイ素の割合が多い。橄欖岩に対応する深成岩は、現在は該当する岩石がなく空白になっている

さい。マグマが冷えて固まった岩石を「火成岩」といいます。火成岩は、マグマが地表近くで急速に固まってできた「火山岩」と、地下深くでゆっくり冷えて固まった「深成岩」とに分けられます。火山岩と深成岩には二酸化ケイ素の割合によって名前がつけられていて、ほぼ対をなしています。

学校の理科ではよく、このような岩石の分類が教えられています。しかし、表３－１を見ると深成岩の橄欖岩に相当する火山岩のところが、空白になっています。現在みられる火成岩には、ここに該当するような超塩基性岩は見つけられないからです。

じつは、この空白を埋めると考えられる岩石が、本来ならコマチアイトなのです。つまり火山岩における超塩基性岩です。しかし、コマチアイトはその後、ほとんどが地表から姿を消してしまったために、この場所が空白となっているのです。コマチアイトがなぜ消えたかは、のちほどお話ししようと思います。

支持されないコマチアイトプレート仮説

私は、このコマチアイトこそが、地球で最初にできたプレートをつくったと考えています。その理由は、やはりコマチアイトの融点の高さです。マグマオーシャンの温度が1650℃くらいに下がったとき、コマチアイトはほかの岩石に先駆けて、いちはやく結晶化します。どろどろのマグマの表面に現れて、マグマの上に浮いているような状況になります。それは、ちょうど池に氷が張って、水面に浮いているようなものだったでしょう。そして、ひとたびそうした状況がマグマの表面にできてしまえば、そのあとは流れるようにたちまちプレートができて、海嶺や海溝がつくられ、プレートテクトニクスが始まるのではないか。あとでお話しするある理由から、私はそのように考えているのです。

しかし、いま私のほかに、最初のプレートはコマチアイトでできていたなどと考えている研究者はほとんどいないでしょう。そのわけは、こういうところにあります。

現在では、プレートはいくつかの岩石が層をなした構造となっていることがわかっていて、とくに海洋プレートは、断面が地殻変動などによって陸上に露出していることがあり、地層を見るようにその構造（層序）がよく観察できます。深海底世界一周の第七景、チリ海溝を見たときも少しお話しした、「海洋プレートの化石」といわれるオフィオライトです。

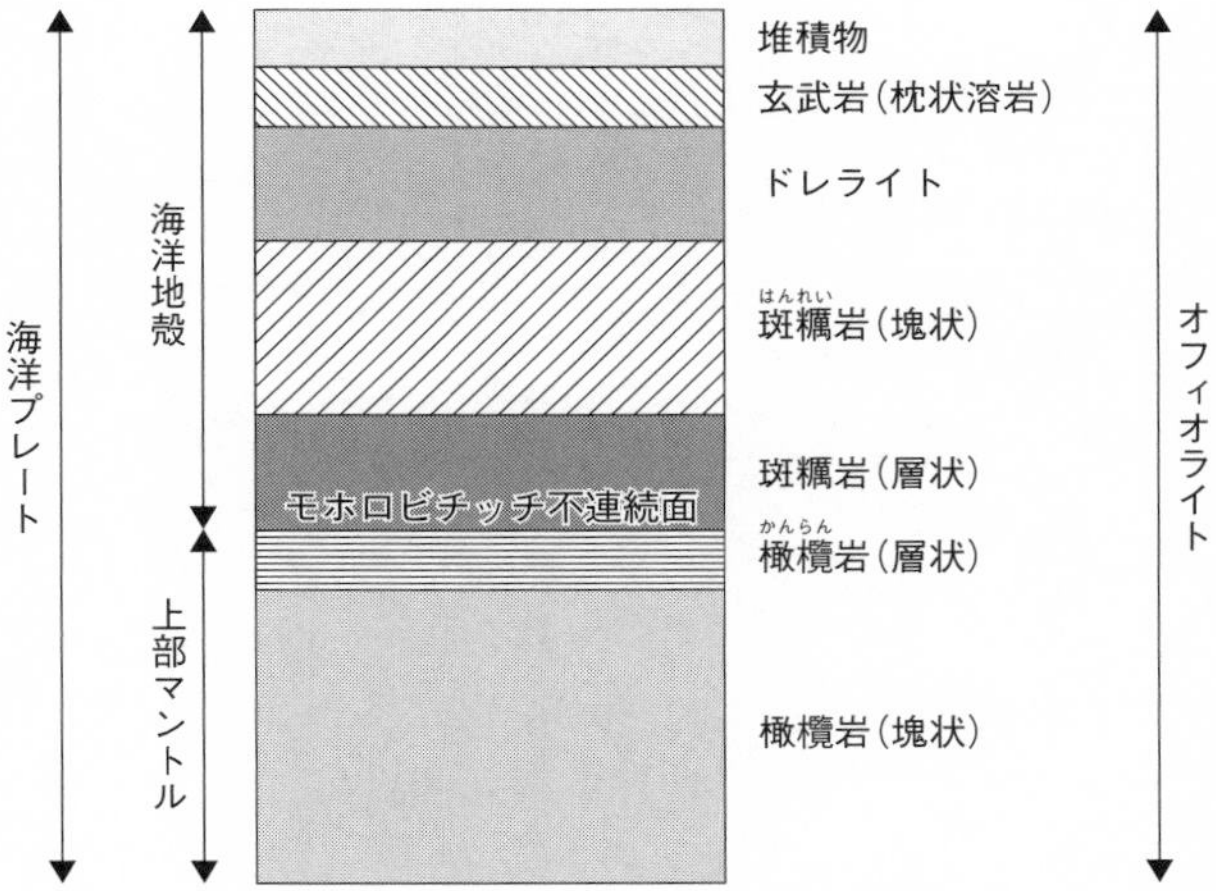

図３－３　オフィオライトの層序
海洋プレートを構成する岩石の層序に、コマチアイトを見つけることはできない

世界各地にみられるオフィオライト、とくにオマーンオフィオライトの調査の結果から、海洋プレートの構造は次のようなものであろうと推定されています（図３－３）。

いちばん表面には、深海堆積物がたまっています。その下に玄武岩の層があり、枕状溶岩やシートフロー（きわめて薄い板状の溶岩）などが見られます。その下には玄武岩と同じ組成のドレライト（粗粒玄武岩とも呼ばれます）の層があります。

ここまでが火山岩で、この下からは深成岩となります。まず、斑糲《はんれい》岩（玄武岩に対応する深成岩）の層があります。その下がモホロビチッチ不連続面で、これ

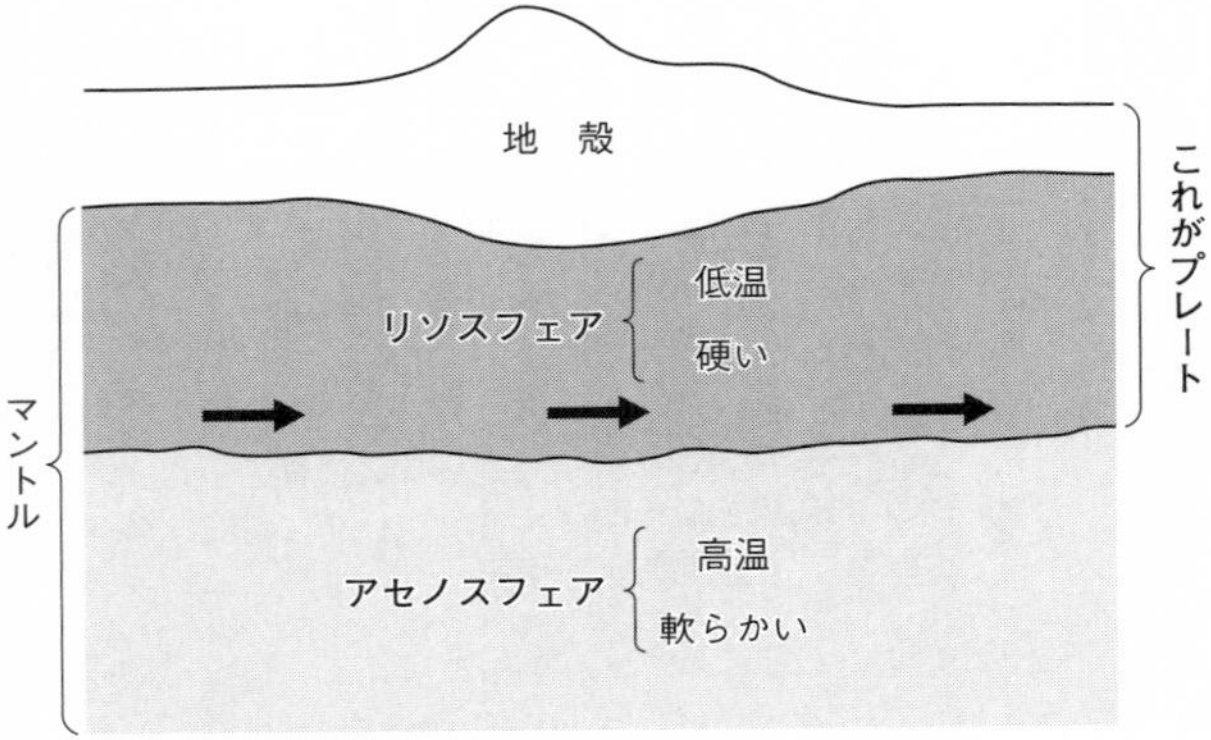

図3－4　プレートの構造

が地殻とマントルの境界です。その下には超塩基性の橄欖岩があって、マントルを形成しています。ここまでが「リソスフェア」と呼ばれる、硬い岩石からなる岩板です。

プレートとは、一般的には地殻と上部マントルの一部を合わせたリソスフェアを指しています。プレートの下には「アセノスフェア」と呼ばれる軟らかい岩板があります。アセノスフェアの上を滑るようにプレートが移動している、というのが一般的なプレートのイメージです（図3－4）。

しかし現在のところ、どこを探しても海洋プレートの層序には、コマチアイトの姿を見つけることはできないのです。私が想像するとおり地球で最初のプレートをつくっていたならば、玄武岩の下あたりにコマチアイトの層があってもよさそうなものですが――。

こうした理由により、コマチアイトプレート仮説は

「証拠不十分」とされ、一人前の説とは認められていません。多くの研究者は、初期のプレートは玄武岩を主体としていたと考えているようです。

プレートテクトニクスの数少ない「証拠」

しかし、そもそも初期のプレートテクトニクスには、証拠らしい証拠などあるのでしょうか。そう問われて多くの研究者があげるのが、海溝にできる付加体です。付加体とは、第七景でアンデス山脈を見たときにお話ししたように、プレートが海溝に沈み込むときに、海溝の堆積物を陸地に押しつけることによってできる地形の高まりです。付加体が見つかり、それが形成された年代を調べれば、その時期にはプレートの海溝への沈み込みは始まっていたと推定することができるわけです。時期を絞り込むことはもちろん、とても重要です。

たとえば丸山茂徳たちは、グリーンランドのイスア地域にみられる付加体は年代がおよそ38億年前であることから、39億年前にはプレートの沈み込みが起こっていたであろうと述べています。

ただし、付加体の形成時期からわかるのは、あくまでも、沈み込みの開始時期はそれよりはかなり早かった、ということだけです。付加体ができるためには、海溝に堆積物がたまっていなければなりません。そのためには大陸、あるいは陸からの大量の土砂が海溝に運ばれていなければなりません。つまり、すでにプレートどころか、陸にまで成長したものが存在している必要があるわけです。とすると付加体の形成は、プレートが形成されてからそれ相応の時間がたっていると考えられ、沈み込みの開始時期とも少なからず開きがあると考えざるをえないのです。

こうしてみるとやはり、冥王代地球の、しかもプレートテクトニクスという難題においては、証拠を重視するだけでは少なからず隔靴掻痒の思いに駆られることは否めません。もちろん科学とはそのようにして少しずつ進んでいくものではあるのですが、まず大まかなデザインを描いてみて、そのあとで細部を埋めるピースを探すという考え方も、もっと採り入れられてもいいのではないかと思うのです。

ハワイの溶岩湖は知っていた

これからご紹介するのは、ある火山学者の研究です。その成果は世界でもほとんど知られていません。しかし、これを見て私は、プレートの形成とプレートテクトニクスのはじまりについて、あまりにもみごとに再現されていることに驚いたので、ご覧に入れたいと思います。

世界一周の第四景で、ハワイ島のホットスポットを見てきました。キラウエア火山では、現在は固まって乾いているものの、以前は噴火によって流れ出たマグマがクレーターのような凹みに流れ込んで、湖のようなものをつくっていることをお話ししました。溶岩湖（ラバレイク）と呼ばれるものです。

マグマが流れ込んだばかりの溶岩湖は、真っ赤に焼けた溶鉱炉そのものです。しかし、表面が冷えると、黒っぽいかさぶたのような被膜ができていきます。溶岩湖のこうした変容をビデオで撮影したのが、火山学者のW・A・ダフィールドでした。彼はそれを１９８６年に、ニュージーランドのオークランドで開かれた国際火山学会（ＩＡＶＣＥＩ）の席上で上映しました。私はそれを見て、のちには彼が書いた論文も読んで、大きな衝撃を受けました。そしておおいに感銘を受けました。ハワイの溶岩湖で起こったことは、冥王代の地球のマグマオーシャンで起こったことと、ほぼ同じであろうと思えたからです。

では、溶岩湖でいったい何が起こったのでしょうか。これから、みなさんにもその目撃者になっていただきましょう。

ダフィールドがハワイの溶岩湖を観察したのは、１９７４年のことでした。以下は、彼が撮影した記録に沿って、溶岩湖で起こったことを再現していきます。

噴火を繰り返すハワイ島で噴き出したマグマは、粘性が小さいためさらさらと斜面を流れ下って、その途中にあった大きな穴ぼこに流れ込みました。マグマはたちまち穴ぼこを満たし、溶岩の湖をつくりました。それは、まさに小さなマグマオーシャンといえるものでした。

やがて、マグマは冷えていきます。すると、その表面にかさぶたのような赤茶色っぽいものができて、溶岩湖を覆っていきました。マグマから最初に晶出してできた溶岩です。調べてみるとそれは玄武岩でした。かさぶたの最大の厚さは、65mほどになっていました。もう、ご説明の必要はないと思います。私はこのかさぶたこそ、冥王代のマグマオーシャンで最初にできたプレートの原形と同じものとみなせると考えているのです。

さて、かさぶたの下は依然として高温なので、真っ赤なマグマが次々と上がってきて、かさぶたを破って表面に出てきます。そのさまは、直線状に炎の線が走るようです（図3－5の①）。長く続く炎の直線と聞いて、何か思い浮かぶものはないでしょうか。そう、第2章で、地表に長い直線状の裂け目ができて、それが海嶺になったという話をしましたね。溶岩湖で最初に起こったことは、ミニチュア版の〝海嶺〟の形成だったのです。

やがて、溶岩が出てくる直線には、横断する切れ目のようなものがいくつもできていきます。そのたびに直線は、ずらされていきます。それは深海底にできたトランスフォーム断層に驚くほど似ていました（図3－5の②）。トランスフォーム断層ができるまでにはかなりの長い時間を要するのだろうと思っていましたが、ミニチュア版マグマオーシャンでは、それは一瞬のことだったのにも驚きました。

次には、別の場所で大きな変化が起こります。かさぶたに直線状の凹みができたかと思うと、そこに、両側からかさぶたが潜り込み、溶岩湖の内部に呑まれていくさまが観察されたのです

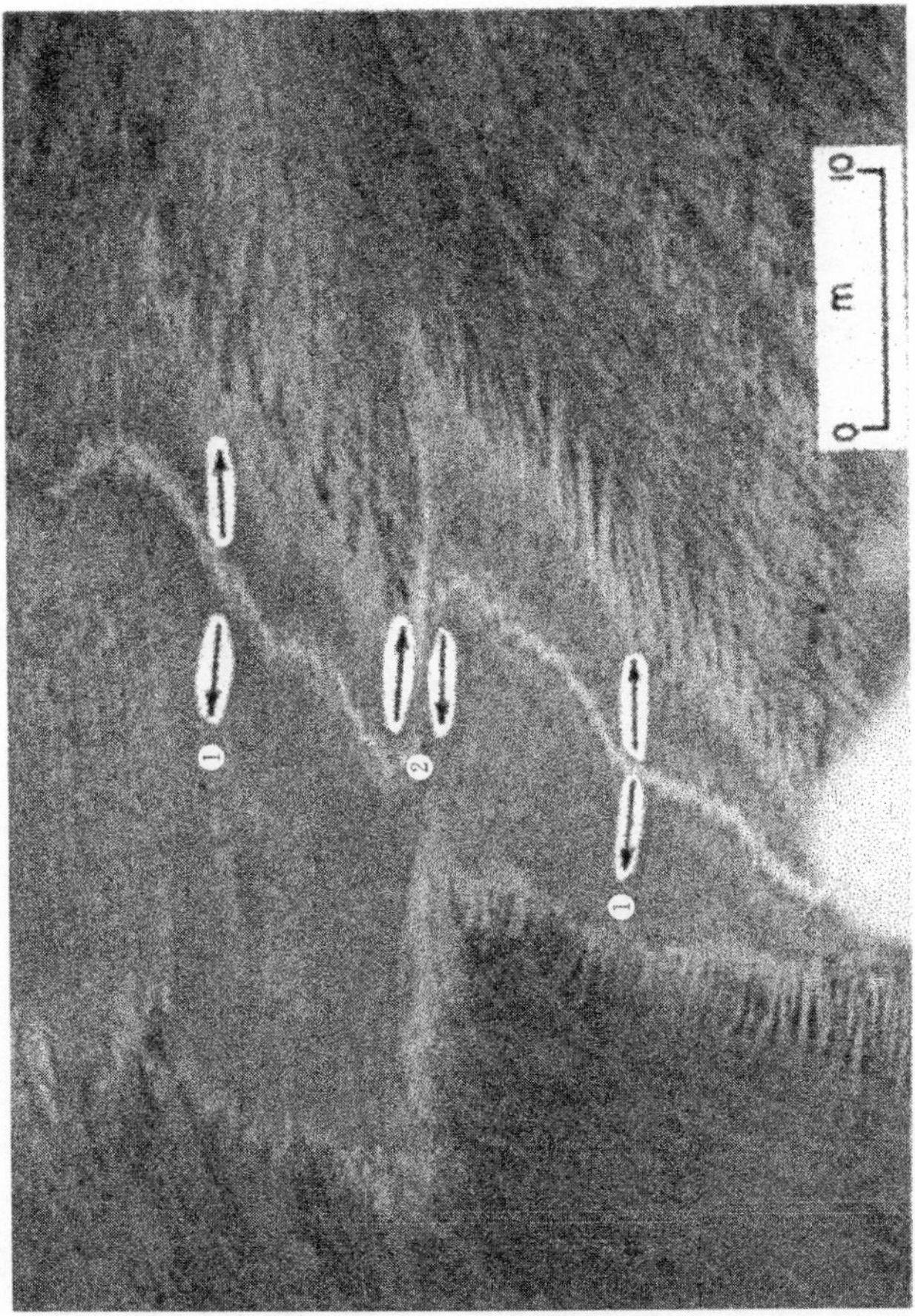

図3－5　溶岩湖にできた“海嶺”と“トランスフォーム断層”
①“海嶺”
②“トランスフォーム断層”
（Duffield W.A.（1972）A naturally occurring model of global plate tectonics.図3－6、図3－7も）

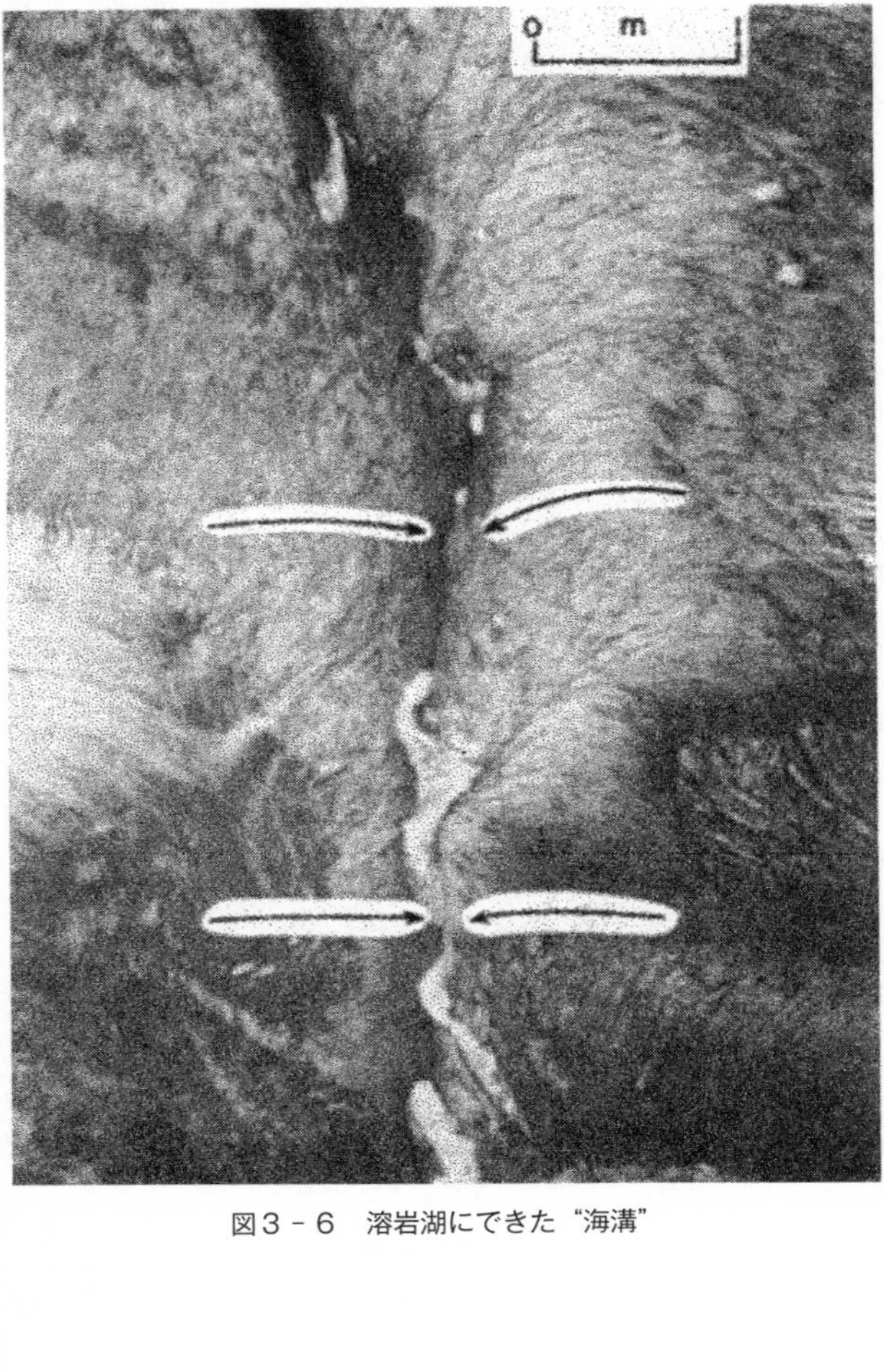

図３－６　溶岩湖にできた“海溝”

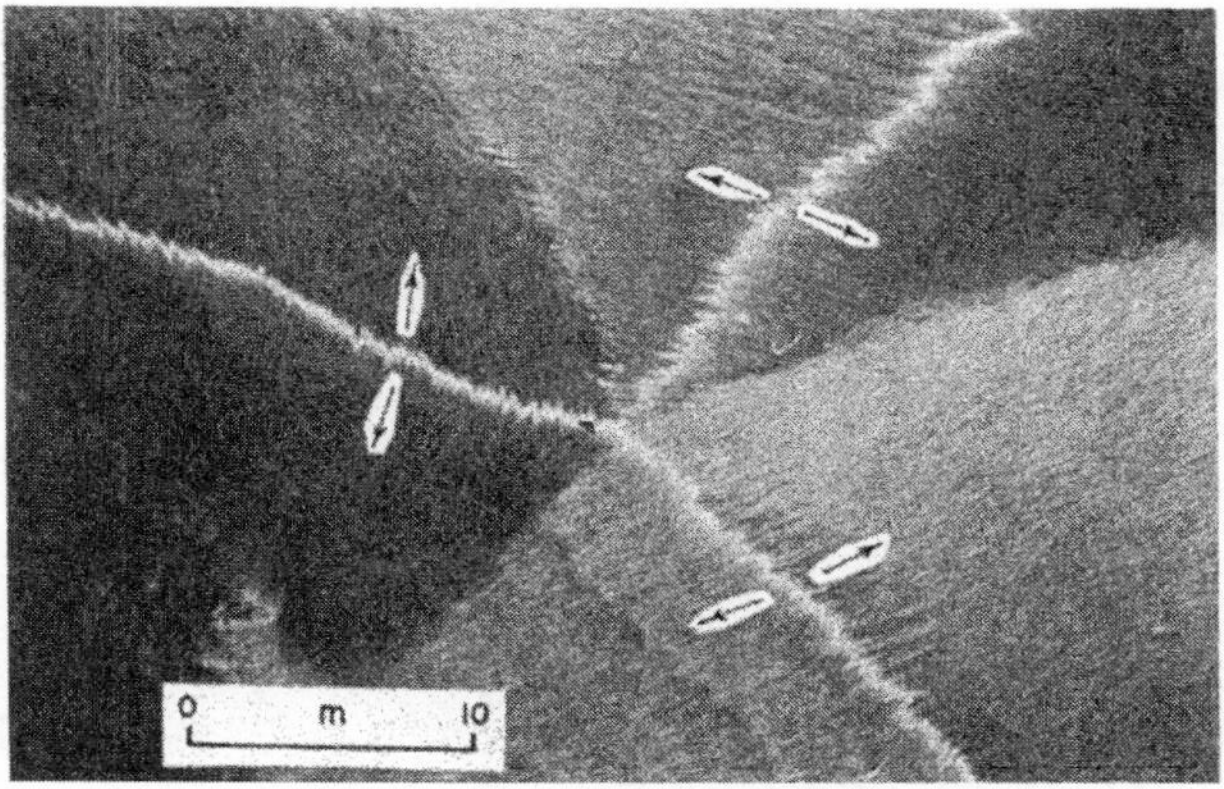

図３－７　溶岩湖にできた“海嶺三重点”

（図３－６）。これはもう、一目瞭然でしょう。あたかも二つのプレートが、ミニチュア版の〝海溝〟に沈み込んでいくようにしか見えません。つまり〝プレートテクトニクス〟の開始です。

このように、ハワイの溶岩湖でのマグマの挙動の観察で、海嶺とトランスフォーム断層、そして海溝にきわめてよく似た構造の形成が目撃されたのです。つけ加えれば、そのあとには３本の海嶺が一ヵ所に集まる海嶺三重点（図３－７）や、それが二つ連動するダブル三重点に似たものも観察されました。

ここで重要なのは、これらは驚くべきことに、ほとんど同時に進行したということです。マグマの表面にかさぶたができて〝プレート〟が誕生してしまえば、一気呵成に〝海嶺〟や〝海溝〟がつくられ、〝プレートテクトニクス〟が始まったのです。溶岩湖のかさぶたは玄武岩でしたが、同じことはマグマオーシャンにおけるコマチアイトのかさぶたでも起きたでしょう。玄武岩であれコマチアイトであれ、マグマという流体の中でいちばん最初に結晶化した岩石が、最初のプレートをつくり、プレートテクトニクスまで一気に実現させる可能性が高いということです。玄武岩の融点はコマチアイトに次いで高い1200℃です。マグマオーシャンでは、マグマがそこまで冷える前に、コマチアイトがもう仕事をしてしまっていたはずだと私は考えるのです。

もちろん、冥王代の地球で実際に海嶺や海溝がこのようなプロセスを経てつくられてプレートテクトニクスが始まったのかは、知るよしもありません。科学的な根拠などはなく、言ってしまえば「かたち」が非常によく似ているというだけですから、ハワイの溶岩湖での観察をそのままあてはめることは危険かもしれません。

ダフィールド自身は、溶岩湖には大陸も島弧もないので、（現在の）プレートテクトニクスにはそのまま使えないと論文に書いています。しかし、マグマオーシャンが冷えていく過程では、たぶん大陸も島弧もまだなかったでしょうから、かえって都合がいいように思われます。

このようなものは実験室でも再現できるのではないか、と思われる読者もいるかもしれませんが、これだけ大きな規模でマグマを扱うのは難しいようです。ハワイはまさに「天然の実験室」といえるのです。

私自身は、冥王代には実際にこのようなことが起こったであろうと想像しています。したがって、最初のプレートをつくったのはコマチアイトだったと考えているのです。

沈み込みはどうして始まったのか

ここで私の想像だけでなく、ちゃんと書物に取り上げられている研究もご紹介しておきましょう。プレートテクトニクスのはじまりとは、海溝の側から見れば、プレートの沈み込みのはじまりと考えることができます。中西正男と沖野郷子は、沈み込みに関するいくつかのケースを設定していて、それには自発型、受動型と誘発型があると述べています（図3-8）。

自発型とは、海洋プレートどうしが遭遇する場合に、プレートが形成された年代の違いによってプレートの密度に差ができるため、古くて重いプレートが、新しくて軽いプレートの下に自動的に沈んでいくパターンです。フィリピン海溝の沈み込みが、この例です。

受動型とは、大陸プレートに海洋プレートが衝突する場合に、両者の間で密度の差があるために沈み込みが起こるパターンです。チリ海溝では、この沈み込みによってアンデス山脈の付加体ができました。

もう一つの誘導型とは、沈み込んでいるプレートが互いに大陸を運んできて、大陸どうしが軽いので沈み込めずにぶつかってしまい、大陸の接着面が新たに受動型のように沈み込むパターン

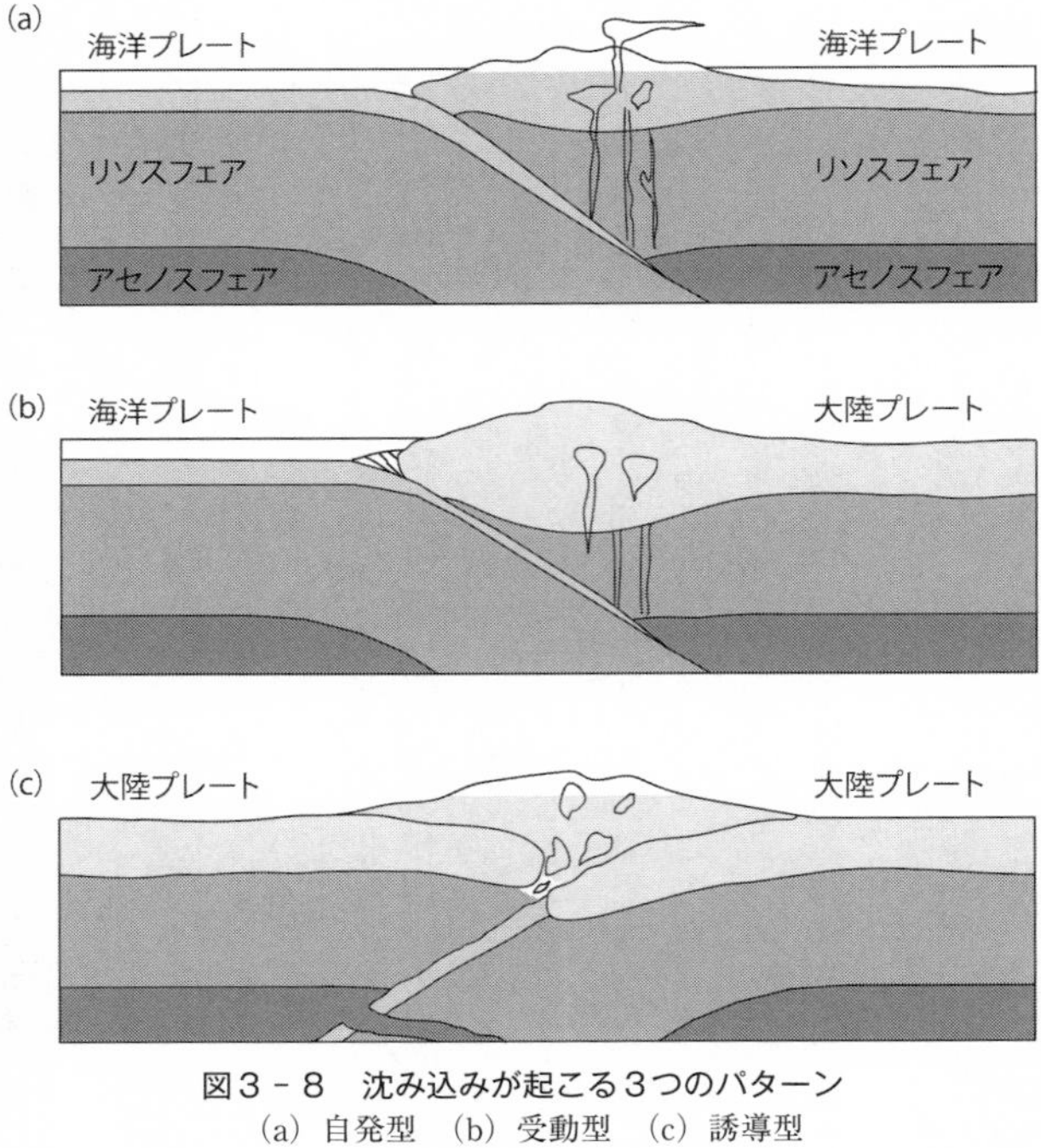

図３－８　沈み込みが起こる３つのパターン
（a）自発型　（b）受動型　（c）誘導型

です。インド亜大陸がユーラシア大陸に沈み込んでヒマラヤをつくったのがこの例です。あるいは沈み込んでいるプレートが大陸を運んできたときに、逆の方向、つまり運ばれてきた大陸の根本へと沈み込んでいく場合もあります。

では、最初のプレートの沈み込みはどのパターンだったかといえば、その当時はまだ大陸は存在していないはずですから、当然、自発型でしょう。ハワイの溶岩湖はその規模からしてマグマの温度差もそれほど大きくはなかったと思われますが、それでも〝海溝〟への沈み込みはすぐに始まりました。それに比べれば冥王代のマグマオーシャンは桁違いに大規模ですから、マグマの温度差はずっと大きかったでしょうし、プレートどうしの遭遇もあちこちで生じたのではないでしょうか。つまり、沈み込みが始まる速さもハワイの溶岩湖に比べてより加速されたと考えられます。私のコマチアイトプレート仮説にとっては、そのほうが都合がいいかもしれません。

さて、そろそろみなさんも私の想像を聞くばかりでなく、冥王代の地球とはどんなところだったのか、少し見てみたくなっているのではないでしょうか。次の章では、これまでの研究で少なくともわかっていることをもとに、40億年以上前の世界を再現してみようと思います。

第4章 冥王代の物語

思えばわれわれの最初の目的は、「ヴァーチャル・ブルー」に乗って世界一周をしながら深海底の数々の巨大地形を見てまわることでした。旅が終われば、そこで解散してもよかったのです。ところが、好奇心旺盛なみなさんが道中、巨大地形についてさまざまな疑問を抱かれたので、陸に上がってからはそれらにお答えしてきました。そのうちに今度は私のほうが、そもそも深海底になぜ巨大地形ができたのかとか、その大本にあったと思われるプレートテクトニクスはどのようにして始まったのか、といったことを考えはじめたら興がのってきて、ついつい冥王代の地球にまで大風呂敷を広げて得意の想像地質学を披露し、みなさんをお引き止めしてしまっているという次第です。

ここまできたら、ものはついでですので地球ができたばかりの冥王代の様子を、ちょっとのぞいていきましょう。そこは『旧約聖書』の「創世記」さながらの、何もない世界です。なにしろ、まだ海も、陸も、空さえもないのです。あるのは無数に降り注ぐ火の玉ばかり。絶景というより絶望するしかない光景です。しかし、すべてはここから始まったのです。

元素ができるまで

米国の歴史学者デビッド・クリスチャンは、宇宙のはじまり、いわゆるビッグバンから現在までの歴史を、宇宙論や生物学などの自然科学と、地理学や歴史学などの人文科学の双方を駆使して俯瞰する「ビッグヒストリー」という学問分野の構築を提唱しました。まず私もそれにあやかって、地質学の視点を強調したビッグヒストリーを宇宙のはじまりから編んでみます。

宇宙は、この世は、どのようにしてできたのでしょうか。

いまから138億年前、宇宙は「無」から、揺らぎによって生じたと考えられています。無と有の境界から突如、空間が膨らみだし、瞬時にとてつもない大きさに広がったのです。これが「インフレーション」です。「時間」と「空間」はこのとき始まりました。その直後には大爆発、「ビッグバン」が起こって、「物質」が生まれました。物理学で考える宇宙はここからスタートします。

ビッグバンによって、クォークやニュートリノなどさまざまな素粒子がばらまかれ、それらがプラズマ状態となっていて宇宙は光がまっすぐに進めず混沌としていましたが、宇宙開闢《かいびゃく》38万年後に、電子が原子核と結びついて原子ができ、宇宙はすっきりと整理されて視界が開けました。「宇宙の晴れ上がり」です。宇宙で最初にできた原子が水素ですが、水素原子がどのようにしてできたのかというシナリオはまだわかっていません。

やがて、水素原子が二つくっつくことで、水素より重いヘリウムができました。原子番号2番の元素です。水素やヘリウムは集まって、塊をつくり、恒星になっていきました。宇宙で最初の恒星（ファーストスター）ができたのは、宇宙開闢からおよそ3億年後のことと考えられています。恒星の中では温度や圧力がきわめて高くなり、原子核反応や核融合反応によって、水素やヘリウムよりさらに重い元素がつくられていきます。

水素とヘリウムがくっついて、原子番号3番のリチウムができました。また、ヘリウムが二つくっついて、原子番号4番のベリリウムができました。さらにヘリウムが三つくっついて、原子番号6番の炭素ができました。このように、恒星では核融合反応によって次々と元素ができていきました。しかし、この反応は原子番号26番の鉄までしかつくることができませんでした。

さらに重い元素ができるようになったのは、最初の世代の恒星が進化して、赤色巨星を経て超新星となり、最期の爆発を起こしたときでした。超新星爆発では、核融合とは比較にならないほどの超高温、超高圧となり、鉄より重たい、原子番号92番のウランまでの元素ができるのです。

これらの元素が、鉱物というものをつくりだしました。そして鉱物の集合体が、岩石をつくりだします。地質学のビッグヒストリーは鉱物なしに語ることはできません。

鉱物ができるまで

では、鉱物はどのようにしてできたのでしょうか。

鉱物をつくる元素の主なものは、原子番号の順に酸素（8番）、ナトリウム（11番）、マグネシウム（12番）、アルミニウム（13番）、ケイ素（14番）、カリウム（19番）、カルシウム（20番）、マンガン（25番）、鉄（26番）、ニッケル（28番）などです。

この中で、鉱物の基本的な骨格を形成するのは、ケイ素と酸素です。太陽系に存在する惑星では、鉱物のほとんどはこの二つの元素を含んでいます。それはケイ素と酸素が、さまざまな元素の中で最も丈夫な構造をつくるからです。そして地球には、太陽系で最も多く酸素とケイ素が存在し、最も多くの鉱物がつくられているのです。それはなぜでしょうか。

太陽系で最も多い元素は、水素とヘリウムです。その割合は圧倒的で、太陽系全体の99％を占めています。酸素は3番目に多く、ケイ素は8番目に多いのですが、水素とヘリウムに比べれば微々たるものです。ところが地球では、元素分布の様相はまったく異なってきます。最も多い元素はなんと鉄で、2番目が酸素、3番目がケイ素、その次がマグネシウムなのです。

このように太陽系全体と地球で元素の割合がまったく違うのは、太陽系のでき方に関係しています。超新星の爆発などによって飛び散った物質（ガスや塵）が、やがて一ヵ所に集まって、原始の太陽ができ、その近くに原始太陽の引力に引き寄せられた塵などさまざまな物質が分布して、原始太陽の周囲を回転し、少しずつ大きな塊となって惑星ができていく、というのがおおまかな太陽系形成のシナリオです。このとき、密度の小さい物質ほど原始太陽から遠くに分布し、密度の大きい物質ほど原始太陽の近くを回転することになります（図4－1）。こうしてできた八つの惑星が、太陽に近い順から水星、金星、地球、火星、木星、土星、天王星、海王星です。

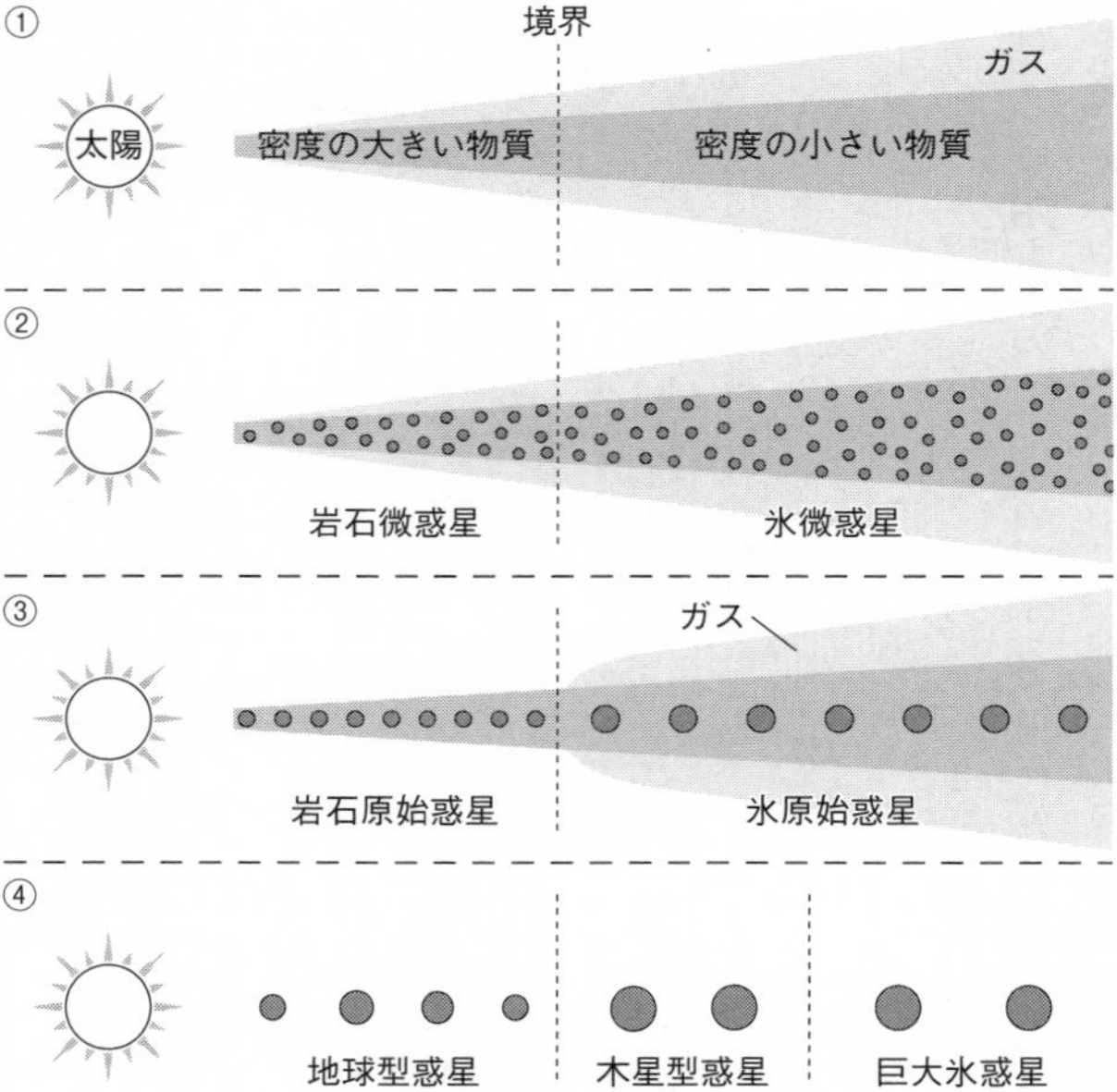

図４－１　太陽系ができるまでのシナリオ
地球型惑星：水星、金星、地球、火星
木星型惑星：木星、土星
巨大氷惑星：天王星、海王星

このうち水星、金星、地球、火星は鉄や酸素、ケイ素、マグネシウムなど比較的重い物質からなるグループで、これらを地球型惑星といいます。木星と土星は水素やヘリウムなどの軽いガスからできていて、これらを木星型惑星といいます。そして天王星と海王星はメタンを多く含む氷からできていて、これらは巨大氷惑星と呼ばれています。

したがって、太陽系の惑星で鉱物がつくられているのは、地球型惑星だけであることがわかります。そして、その中でも、最も多種多様な鉱物が存在し、それらがバラエティ豊かな岩石をつくりだしているのが地球なのです。それは太陽系第三惑星である地球が、太陽からの距離がちょうど、ケイ素が最も集まりやすいところだからです。この絶妙な距離が、地球を「石の惑星」にしているのです。

岩石ができるまで

さて、鉱物がいくつか組み合わさって結晶をつくることで、岩石が形成されます。岩石をつくる鉱物を造岩鉱物といいます。造岩鉱物のほとんどは、四つの酸素と1個のケイ素からなる構造を基本単位としていて、それは正四面体の形をなしています（図４－２）。元素記号で酸素はO、ケイ素はSiなのでSiO_4と表され、この正四面体はSiO_4四面体と呼ばれています。造岩鉱物のほとんどは、この正四面体がいくつもつながった構造の中に、ほかの元素が入り込んでできたも

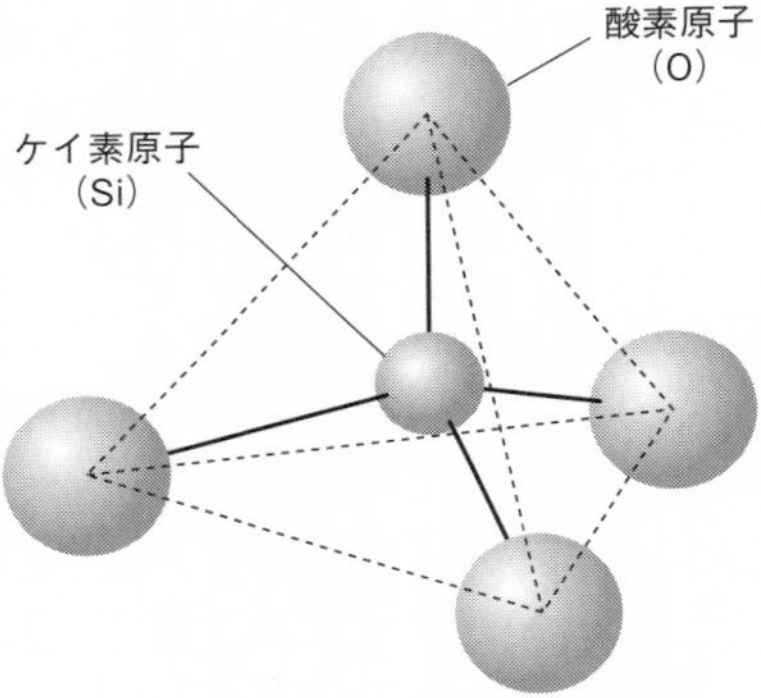

図4－2　造岩鉱物をつくるSiO_4四面体

のであり、これをケイ酸塩鉱物といいます。

たとえば、SiO_4四面体にマグネシウムや鉄が入ったのが、橄欖石という造岩鉱物です。橄欖石は、橄欖岩という岩石をつくります。そして橄欖岩は、マントルをつくっている岩石です。

さきほど、地球上の元素で最も多いのは鉄で、そのあとに続くのが酸素、ケイ素、マグネシウムであるとお話ししました。そして地球の核は鉄からなり、マントルは酸素、ケイ素、鉄、マグネシウムからできています。このことは、地球の元素のほとんどは、中心部の核とマントルをつくるのに使われていることを示しています。表面の地殻は地球全体に占める割合としてはかなり薄く、そのほとんどは酸素とケイ素からなっています。

このように地球の内部では、元素の分布に偏りがあります。第1章で見たように地球の構造は地震波で推定することができますが、元素の分布も、地震波で見た構造とよく似ていることがわかります。

造岩鉱物はSiO_4四面体がたくさんつながってつくられますが、つながり方しだいで構造が変わり、中に入り込む元素もさまざまに変化します。それによって、つくられる造岩鉱物も変わり、できあがる岩石にもさまざまなバリエーションが生まれます。ここではくわしくはふれませんが、興味のある方は拙著『三つの石で地球がわかる』をご参照ください。

さて、地球で最初にできた岩石は、造岩鉱物がどろどろに融けたマグマオーシャンの中から生まれたと考えられます。マグマが冷えて固まった岩石なので、大きな分類としては火成岩になります。第3章で述べたように、火成岩はさらに、火山岩と深成岩に分けられます。岩石の大きな分類としてはほかに、水に流された土砂が積み重なってできた堆積岩がありますが、最初の岩石は、水ではなく火からつくられたのです。

第3章では、火成岩は二酸化ケイ素（シリカ）を含む割合によって性質が大きく変わることもお話ししました。二酸化ケイ素はSiO_2と表され、造岩鉱物の基本形であるSiO_4に由来しています。二酸化ケイ素が多いもの（66％以上）を酸性岩、少ないもの（45～52％）を塩基性岩、さらに少ないもの（45％以下）を超塩基性岩と呼ぶこともお話ししましたね。代表的な岩石でいえば、花崗岩は酸性岩、玄武岩は塩基性岩、橄欖岩は超塩基性岩です。橄欖岩は二酸化ケイ素よりも、鉄やマグネシウムなどの含有量が多いわけです。そして、二酸化ケイ素が少ないほど融点は高くなるため、マグマオーシャンが冷えて最初に出現した岩石は、橄欖岩（深成岩）や、第3章で紹介したコマチアイト（火山岩）などの超塩基性岩であったと考えられるのです。マグマオーシャンの形成については、のちほどまたくわしくお話しします。

ここまでで、宇宙に元素が生まれてから岩石ができるまで、いわば地質学の視点から見たビッグヒストリーのお膳立てはなんとかできたかと思います。では、いよいよ冥王代の地球にフォーカスして、何が起こったのかを追いかけていくことにしましょう。ただし、そこはまさに灼熱の地獄のようなところです。ヴァーチャル潜水艇さえ航行不可能ですから、頼れるものはわずかな先行研究のほかは、推理力と想像力しかありません。

冥王代という時代

20世紀の地球史の教科書では、冥王代についてはあまり触れられてはいませんでした。冥王代とは、約46億年前に地球が誕生してから約40億年前までの、最初の約6億年間のことです。地球史にも歴史の授業のように年代表がつくられて、約46億年前から約5億4100万年前までを先カンブリア時代、それ以降を顕生代として区分されました。先カンブリア時代はさらに、46億〜40億年前を冥王代、40億〜25億年前を太古代、25億〜5億4100万年前を原生代、と三つに分けられました。その後の顕生代は、さらに古生代、中生代、新生代に区分されています

（図４－３）。

しかし、私が大学3年の頃に読んだ地史学の教科書（１９６７年刊行のもの）では、先カンブリア時代は40億年以上にわたっているにもかかわらず、全部で18章のうちのたった1章だけでしか扱われていませんでした。その時代の化石はほとんど見つかっていなかったうえに、絶対年代のデータも、精度が低く量も少なかったからでしょう。

さかのぼればそもそも、私が小学生だったころは地球の年齢といえば、アーサー・ホームズが提唱した20億年であると言われていたのです。それからわずか半世紀で、その倍以上の46億年になっているのには、隔世の思いです。もっと以前にはキリスト教の聖書の影響でアッシャー司教によって紀元前４００４年10月23日の日曜日の誕生と言われていたり、ケルビン卿の計算で1億年程度と言われていたりしました。しかし、もう地球の年齢は変わらないでしょう。現在は放射性同位体によって、きわめて精密な測定ができるようになったからです。

21世紀に入って、とくに２０１０年以降、たくさんの人が地球の歴史の本を書いています。それは地球史の中でも冥王代に関しての研究がようやく進んできたことを物語っています。探査機の開発や、それにともなう多くの星の研究が進んだことで、天文学や宇宙物理学が進歩し、原始の地球のなりたちがかなりわかってきたのです。

地球の歴史は、地球に起こったさまざまなできごとによって時代区分されています。地球にい

地質年代表（単位：百万年）

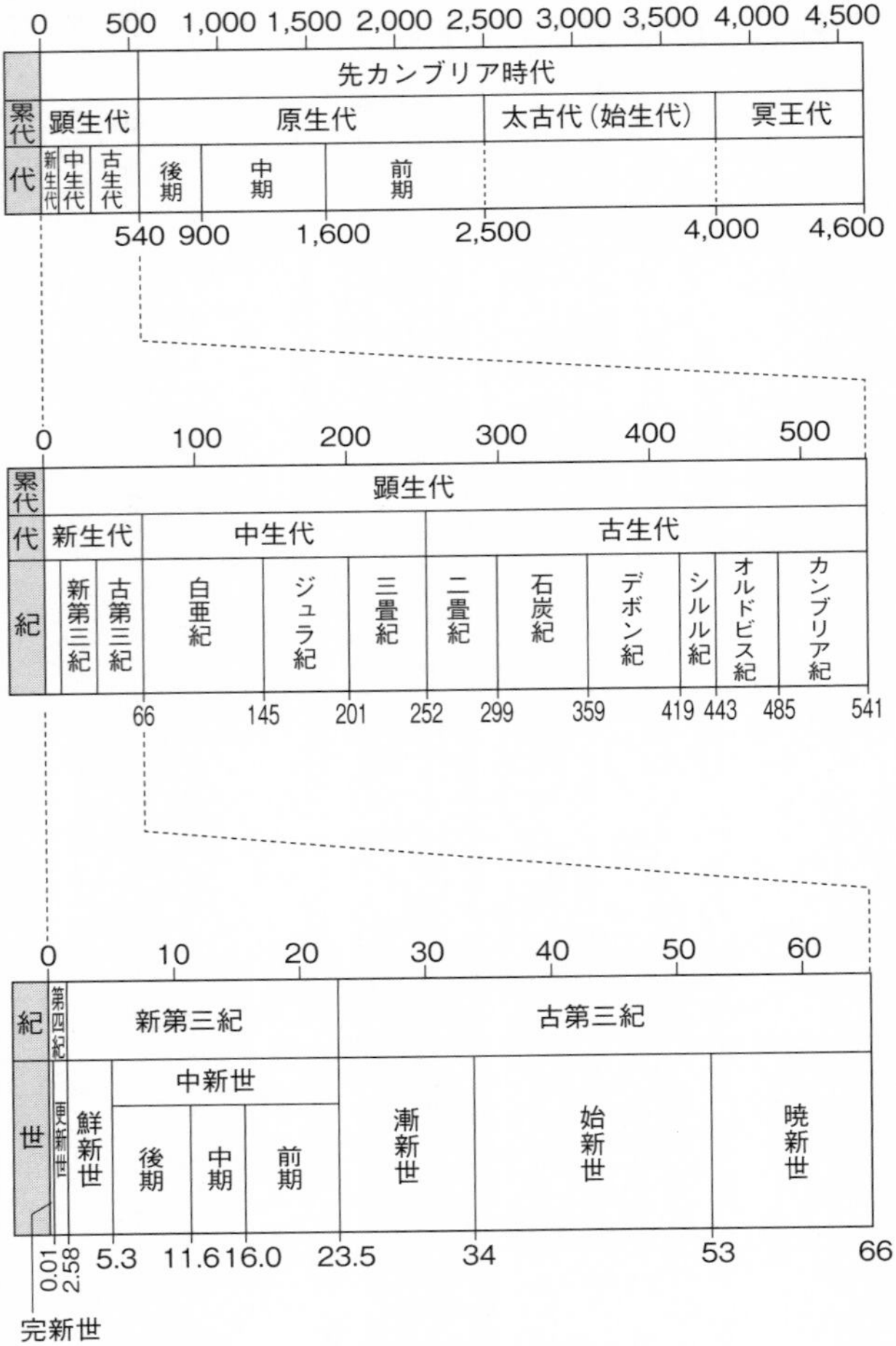

0
500
1,000
1,500
2,000
2,500
3,000
3,500
4,000
4,500
先カンブリア時代
累代
顕生代
原生代
太古代（始生代）
冥王代
代
新生代
中生代
古生代
後期
中期
前期
540
900
1,600
2,500
4,000
4,600
0
100
200
300
400
500
累代
顕生代
代
新生代
中生代
古生代
紀
新第三紀
古第三紀
白亜紀
ジュラ紀
三畳紀
二畳紀
石炭紀
デボン紀
シルル紀
オルドビス紀
カンブリア紀
66
145
201
252
299
359
419
443
485
541
0
10
20
30
40
50
60
紀
第四紀
新第三紀
古第三紀
世
更新世
鮮新世
中新世
後期
中期
前期
漸新世
始新世
暁新世
0.01
2.58
5.3
11.6
16.0
23.5
34
53
66
完新世

図４－３　地球史の時代区分

つ、どのようなできごとが起きたかは、地層や岩石（化石も含む）、すなわち「地質」を手がかりにして調べることができます。したがってそういう研究をする学問を「地質学」と呼び、太古代や原生代、古生代、中生代などと名前がつけられている時代のことを「地質時代」といっています。

ところが、地球が誕生してまもない冥王代は、地質の情報そのものが、まだきわめて少ない時代でした。岩石の種類も少ない時代でした。「地球最古の岩石」とされるものとして、カナダで約40億年前のアカスタ片麻岩《へんまがん》が、また、「地球最古の鉱物」としては、オーストラリアで約44億年前のジルコンが見つかってはいるものの、サンプル数がきわめて少ないため、冥王代は長いあいだ謎に包まれていたのです。「冥王」とは、ギリシャ神話で「あの世を支配する王」（Hadean）という意味です。冥王代とはまさに、黄泉の世界のような時代だったのです。

冥王代に対して、最近の約６億年間である顕生代とは、生物の化石が残されている、つまり、「顕《あきら》かに生物が見られる時代」という意味です。しかし私としては、最初の６億年間である冥王代のほうに、より強く興味をおぼえてしまうのです。

近年になって、かつて地球に降ってきた隕石や月の石、あるいは太陽系のほかの天体を分析することで、冥王代の地球についての手がかりが少しずつ得られるようになってきました。さらにコンピュータによるシミュレーションで、それらを分析する手法も飛躍的に発達しました。こうして現在では、冥王代についても実証的な研究が少しずつ可能になってきています。

そこからわかってきたのは、冥王代には、地球を現在のような姿にみちびく原因となるじつに多くの事件が起きていたということです。それはたとえば、地球の誕生、海の誕生、月の誕生、プレートテクトニクスの誕生、生命の誕生などです。つまり、現在のわれわれにとって重要な事件のほとんどが起こっているのです。では、それらを再現していきたいと思います。

「地球」の誕生

われわれの地球は太陽系の形成とほぼ同じころ、およそ46億年前にできたと考えられています。現在でもその成因についてはいろいろな説があるようで、古くはカント-ラプラスの星雲説という、巨大なガス雲である星雲が回転しながら収縮して、太陽系の太陽も地球もできたという考えがあり、私が大学に入ったころにはやっていましたが、その後、林忠四郎らの回転円盤説が出てきて、太陽系をつくった原始太陽の周囲を回転する塵やガスなどの物質が凝集して惑星ができたとする考えが現在では支配的となっています。

ただ、原始太陽は一つの超新星が爆発した結果、まき散らされた星間物質が凝集したものという考えが主流でしたが、最近では、一つの超新星ではなく、いくつかの星、いくつかの銀河が衝突して膨大な量の物質がまき散らされ、たくさんの星が生まれ、その一部が太陽系をつくったと考えるほうがよさそうだと言われるようになりました。太陽系の地球型惑星一つをとっても、起源物質は一つと考えるよりは、より複雑な起源と考えるほうが現在わかっていることを説明しやすいようです。たとえば地球のマントル物質には、起源の違う同位体組成をもつ玄武岩が少なくとも四つあることがわかっていて、そのことからも、起源は複数あると考えたほうがいいでしょう。

ばらまかれた星屑や宇宙塵、ガスなどが凝縮して太陽系の原始の姿が生まれ、太陽から3番目の軌道に多くの酸素やケイ素が集まって、地球が「石の惑星」となったことはさきほどお話ししました。一方で、よく地球は「水の惑星」といわれますが、それはほかの惑星に水がないからではなく、水が遊離の状態でいられるのは太陽からの距離が約１・５億kmの地球までで、それより太陽から遠いところでは氷になってしまうからということも理由になっています。この境界線のことを「スノーライン」と呼んでいます。やはり太陽との距離がちょうどよいことが、地球を「石の惑星」にもすれば、「水の惑星」にもしたわけです。

さまざまな大きさの粒子や礫《れき》などが凝縮した原始地球が、火星の直径（約６７９４km）ほどになったとき、すなわち現在の地球の７割ほどの大きさになった時点を、「地球」の誕生と考える人もいます。その年代はおよそ45・７億年前のことでした。

「マグマオーシャン」の誕生

地球が火星くらいの大きさになると、その引力で、周辺にあった微惑星を引きつけるようになります。こうして起こるのが、現在のわれわれはめったに見ることができない隕石の落下です。見られなくて幸いというべきでしょう。地球に数えきれないほどの隕石が衝突したこの時期には「隕石重爆撃期」というおそろしい名前がつけられています。見えない絶景どころか、決して見たくはない絶望的光景です。しかし、ここから地球の最初の骨格がつくられていくのです。

ものが衝突したときには、熱が発生します。誰かと頭と頭をゴツンとぶつけると、熱さを感じるという体験をされたことがあるでしょう。硬い隕石が地球に衝突したときにも、大きな熱が発生します。それが一つや二つではなく、雨あられのように降ってきたので、地球の表面には熱がたまり、やがてどんどん温度が高くなっていきました。酸素とケイ素が集まって岩石型惑星となっていた地球では、ついに岩石や金属が融けて、どろどろの状態になりはじめました。

じつはこのときの地球では、その内部でも、熱が発生しています。隕石の衝突によってサイズが大きくなってくると、自重によって収縮することで、熱が生じるのです。地球はこの熱によって、内部からも融けはじめました。

衝突と収縮の両方の効果で、地球の表面はついに、どろどろに融けたマグマで覆い尽くされたと考えられています。こうして誕生したのが、「マグマオーシャン」です。「海」というものを「液体で満たされたもの」と定義するならば、このマグマオーシャンこそが、地球で最初の海だったといえるでしょう。その温度は、第3章でお話ししたコマチアイトという岩石の融点より高いとすれば、１６５０℃以上ということになります。

このときのマグマオーシャンの深さは、地表から３０００kmほどであったと考えられています。当時の地球が前述のように火星（直径約６７９４km）くらいだったとすれば、半径は３４００kmほどですから、表面のみならず、ほとんど中心近くまで融けていたことになります。このことは、やがて地球の核をつくる金属の成分（鉄）の密度が5g／cc以上と、マグマよりはるかに重いために地球の中心へと沈んでいき、代わりにマントルをつくる岩石が密度3g／cc程度と、マグマと同等か軽いために表層へと移動したことを意味しています。このようにして、地球の内部では核とマントルという成層構造ができたと考えられます。

「空」と「海」の誕生

宇宙から降りそそぐ隕石が地表をマグマオーシャンにし、さらには地下にマントルや核を形成しはじめているころ、地球には原始の「空」も誕生しました。ただし、空や海、そして陸がどのようにして地球にできたのかは、いまだに意見が分かれています。ここでは、私なりの見方をお話しすることにさせていただきます。

空の形成は、２段階に分かれていたようです。

まず、原始地球ができた当初に、一次的な空ができました。それは宇宙空間にあるガスなどと同じような成分の、水素とヘリウムからなっていたと考えられます。しかし、これらのガスは軽いために、相次ぐ隕石の衝突によって、地球の引力を振り切って宇宙空間に逃げ去ってしまったとみられます。

そのかわりに、隕石の中に含まれていた揮発性成分が、地表へと出てきました。それらは地球の引力にとらえられて地球の周囲を覆い、二次的な空、すなわち「原始大気」をつくりました。いわば石に含まれていた成分が空をつくったのです。

この重爆撃期に降りそそいだ隕石は、エンスタタイト・コンドライトと呼ばれる石でした。エンスタタイトとは「頑火輝石」とも訳され、主要な造岩鉱物である輝石のうち、火に対して丈夫なもののことです。太陽系形成の初期の、酸素がきわめて少ない環境で形成された特徴的な隕石で、いわばきわめてドライな成分からなっています。現在、地球に降ってくる隕石の中では２％ほどしか見られない変わりものの隕石なのですが、当時の地球にはこの隕石ばかりが降ってきたのです。そのため、できたマグマオーシャンや空も、ややドライなものになりました。その組成は、水素、水蒸気、二酸化炭素、一酸化炭素、窒素、アルゴン、塩素ガス、塩酸、硫黄、亜硫酸ガスなどで、現在の火山活動の際に出てくる火山ガスの成分に近いものでした。現在の、窒素や酸素、二酸化炭素などからなる大気とは似ても似つかない、人間にとっては猛毒ともいえる組成です。ほかに、隕石には、水や炭素、有機物などの揮発性物質を多く含む炭素質コンドライトというものもあります。もしもこの隕石がエンスタタイト・コンドライトと同じように降っていれば、地球の空や海はもっと早く、水分に満たされていたことでしょう。

さて、原始大気を構成する成分は、宇宙空間の温度が低いために冷やされます。すると凝結し、液体となって、地表へと降りそそぎます。地球で最初の雨です。しかし、マグマオーシャンに覆われた地表の温度が高いうちは、雨は地表に達する前に、すべて蒸発してしまいます。

ところが、さしものマグマオーシャンも、時間がたてば少しずつですが、冷えていきます。やがて２００℃くらいになると、雨となって降ってきた成分が、蒸発しきらずに地表にたまりはじめます。そのため、マグマオーシャンの温度はさらに下がり、すると大気にたまっていた大量の揮発性物質が凝結して、一挙に地球に降りそそぎます。その中には多くの水も含まれていました。大気の温度が低くなってくると、水はほかの成分と比べて沸点が高い（１００℃）ので、液体として存在しやすいからです。

このときの雨量はすさまじく、現在の観測で最大レベルの降水量が、何年も続いたと考えられます。この雨が、当時の地球の表面の凹凸を覆い隠していきました。

やがて雨があがったとき、地球には現在の海とほぼ同じ体積を占める「原始海洋」ができあがっていました。その組成は、隕石から出てきて空をつくったものと基本的に同じですから、二酸化炭素や塩酸などが水に溶け込んだ、やはり現在の海とはかけ離れた毒性の強い（人間にとっては、ですが）ものでした。しかし、このときから地球は、表面全体を海に覆われた姿、つまりは「水の惑星」となったわけです。当時はまだ、陸はありませんでした。

「陸」の誕生 ①プレートテクトニクスの開始

『旧約聖書』の「創世記」では、神は二日目に空をつくり、三日目に大地と海をつくられたそうです。しかし実際に、冥王代の地球に最初の大地、つまり陸らしきものができたのは、海ができるよりは少しあとだったかもしれません。

それは、マグマオーシャンの温度が少し下がってきたころでした。さきほどもお話ししたように、マグマは地球表面での隕石衝突と、内部での自重による収縮によって両方から熱せられた岩石や金属が融けてできます。したがって、マグマの海はある程度の厚みをもったものになります。そうした溶液が冷えると、その表面には融けたものが固まりとなって出てくるのです。マグマオーシャンが１６００℃ほどにまで冷えたとき（それでもすごい温度ですが）、その表面に、融けていた岩石が出てきて、かさぶたのようなものをつくりはじめました。このきわめて融点が高い岩石こそ、第3章でご紹介した原始の火山岩コマチアイトです。

すでにお話ししたように、これが地球で最初の「地殻」の誕生だったと私は考えています。「岩板」あるいは「プレート」と呼んでもよいかもしれません。いずれにしても岩石の板であり、この段階ではとくに区別する必要はありませんので、プレートと呼ぶことにします。

できあがったばかりのコマチアイトのプレートでは、このあと、じつにダイナミックな変動が起きました。マグマオーシャンがその表面から冷えていっているとき、下方では、収縮による熱が依然としてマグマを熱しています。すると、プレートの下ではマグマの対流が起こります。対流の上昇部では、マグマがプレートを裂いて、表面に噴き出してきて新しいプレートをつくります。その一方で、プレートの表面が十分に冷えたところでは、沈み込みが始まり、プレートの両端がベルトコンベアのように下方に巻き込まれていきます。さらに、マグマの噴き出し口はスライドして、プレートを直線状に切り裂いていきます。そう、ハワイでダフィールドが観察した、溶岩湖で起きたのと同様の現象が、このとき始まったと私は考えています。

もう言うまでもなく、マグマの噴き出し口は海嶺に相当し、沈み込むプレートの両端は海溝になったと考えられます。海嶺はスライドしてずれてトランスフォーム断層ができました。これがプレートテクトニクスの開始です。

「陸」の誕生 ②島弧の形成

さて、マグマの対流によってコマチアイトのプレートが沈み込みを始めると、次なる現象が起こります。このころには空からもたらされた揮発性成分は、蒸発せずプレートまで届いて液体として存在できるようになっていますからプレートの上には液体の水（海）があります。すると、沈み込むプレートは、水を地球の内部へ、つまりマグマオーシャンの深いところにまで連れていくのです。そこにはまだどろどろのマグマがありますが、マグマに水がもたらされると、安山岩が形成されます。安山岩はコマチアイトや玄武岩よりも二酸化ケイ素が多い石ですが、このときできるものはマグネシウムの割合が高めです。この安山岩が、島のような陸地、つまり島弧をつくるのです。

マグマの対流が始まった初期には、小さな規模の対流がたくさんできたと考えられるので、このようにして小さな島弧がたくさん形成されたのではないかと考えられます。

たくさんの島弧はやがて、衝突したり、合体したりを繰り返します。すると、しだいに大きな塊に成長していきます。それとともに島弧の内部では温度が上がって、安山岩が融解し、花崗岩が形成されるのです。花崗岩こそは地球の大陸を形成する、まさに大地をつくる岩石です。このようにして最初の花崗岩が生まれ、最初の陸ができていったのではないでしょうか。地球に大陸はいつできたのか、冥王代に大陸はあったのかは現在でも議論されているところですが、私はこのように考えています。

しかし、コマチアイトのプレートテクトニクスが始まってから島弧の形成、そして陸の誕生までの道のりは、決してこのようにトントン拍子で進んだわけではありませんでした。というよりも、地球の陸は、じつは大変な難産の末に生まれたものだったのです。

「月」の誕生とジャイアントインパクト

マグマオーシャンの中で最初のプレートテクトニクスが始まったとき、おそるべき隕石の重爆撃はまだ続いていました。池に氷が張っているところへ石を投げ込むと薄い氷は割れてしまうように、コマチアイトからできた初期のプレートは、隕石によってできては破られ、またできては破られ、を繰り返していたものと考えられます。そのため、初期のプレートの運動は、つねに不安定なものであったことでしょう。ようやく軌道に乗ってきたのは、やはり隕石の重爆撃期が終わったあとと考えるのが妥当でしょう。

しかし、コマチアイトプレートの受難は続きます。せっかくしっかり固まってきたところへ、すべてが粉々にされてしまう大事件が起こったのです。

地球唯一の衛星である月は、地球ができてからしばらくして誕生しました。これまで月の成因については、およそ次のような、さまざまな説が唱えられてきました。

①地球と同様なプロセスでできたとする「兄弟説」

②地球の一部が飛び出して月になったとする「親子説」

③ほかの場所にあった天体が地球に捕獲されたとする「捕獲説」

④地球に巨大な天体が衝突してできたとする「ジャイアントインパクト説」

このうち、①と③については、地球のマントルと月の組成がよく似ていることについて説明できないなどの欠点があり、また②については、地球が引きちぎれるほどの引力が存在しえたのか、などの疑問があるため、現在では④のジャイアントインパクト説が、ほとんど定説という見方で受け入れられています。

それは45億3000万年前ころのことと考えられています。地球に「テイア」と呼ばれる巨大な天体が衝突したというのです（図4-4）。テイアはギリシャ神話に出てくる月の女神セレネの母の名です。

みなさんも恐竜を絶滅させたのが隕石の衝突だったといわれているのはご存じでしょう。隕石の直径は10~15㎞だったと考えられています。それでもすさまじい衝撃だったわけですが、テイアの直径はといえば、なんと火星と同じくらい、7000㎞ほどだったと考えられています。その衝撃は想像を絶します。この衝突が「ジャイアントインパクト」と呼ばれているのです。

図４－４　ジャイアントインパクトの想像図（©NASA）

ぶつかったテイアと地球は融合しました。近年のコンピュータシミュレーションによれば、そのときの破片は地球から2万㎞も離れたところまで飛んでいったようです。そこにテイアから来たものもひとまとめになって、月ができたのです。月の組成が地球のマントルと似ているのも、こうしたプロセスであれば説明がつきます。なお、月には核がない（もしくは、ほとんどない）ことから、地球のマントルと核は、このときにはすでに分離していたことがわかります。重い金属が地球の中心に沈み、軽いマントルが表層に集まっていたため、ジャイアントインパクトでは核より外側のマントル部分のみが取り去られて月の一部となったのです。

現在の月は、地球から約38万㎞離れています。２万㎞のところにできた月は、とてつもなく巨大に見えたことでしょう。そして、その引力は地球に大きな潮汐作用をもたらし、海ではおそらく毎日、巨大津波が発生していたでしょう。

いま私は「海」と言いましたが、このとき地球の海はどのようなものだったのかは、定かではありません。さきほどお話ししたように、マグマオーシャンが冷えて、揮発性物質による二次的な海がつくられつつあったかもしれません。そうであったとしても、ジャイアントインパクトによって、すべてはご破算となりました。地球の表面温度は数万℃にまで上がり、その熱によって地球はほぼ全部が融けてしまったと考えられています。せっかくできかかっていたコマチアイトプレートもすべて壊れてしまい、どろどろの真っ赤な海、すなわちもとのマグマオーシャンに逆戻りしてしまったのです。

ただし、地球がすべて融けたわけではなかったと私は考えています。というのは、さきほども少しふれたように、現在の地球のマントルは成分が不均一で、異なる同位体組成をもつ玄武岩が少なくとも４種類ほど認識されているからです。これは地球をつくった母天体とも呼べる隕石には少なくとも四つ、成分が異なるものがあったということです。ジャイアントインパクトで地球がすべて融けてしまったとするとマントルは均一になってしまい、このような不均一さが説明できません。

第二次重爆撃はあったのか

ところで、ジャイアントインパクトは冥王代の地球が受けた、最後の大きな打撃だったのでしょうか。研究者のなかには、そのあとに第二次重爆撃期があり、再度、地球に隕石が降りそそいだと考える人がいて、それが正しいかどうか、いまも議論が続いています。

第二次重爆撃があったとする根拠は、月には41億年前から38億年前にかけて降った隕石の痕跡とみられるクレーターが多数存在していることです。お話ししたように当時の月は現在よりはるかに地球に近かったので、当然、地球にも同様に隕石が降ったであろうと考えるわけです。

丸山茂徳らは、地球ができるまでの２段階モデルを提案しています。最初の重爆撃期で降りそそいだ隕石は、揮発性成分を含まないエンスタタイト・コンドライトであり、そのあとの第二次重爆撃期では揮発性成分が多い炭素質コンドライトの隕石が降ってきたとするものです。この説は、隕石の故郷である小惑星帯では、地球に近い側にエンスタタイト・コンドライトが分布し、地球から遠い側に炭素質コンドライトが分布していることから考えられました。そして、月での隕石の重爆撃期が38億年前ころに終わっていることから、地球でもそのころまで第二次重爆撃が続いたとしています。

2段階モデルを支持している人は、エンスタタイト・コンドライトは還元的（揮発性成分を含まない）でドライなので、水からなる海はつくられず、炭素質コンドライトに含まれていた揮発性物質が二次的な海、つまり現在の海洋の原型をつくったと考えています。その時期は、ジャイアントインパクトがあった45億3０００万年前よりもずっとあとの40億年前ころと考えられているようです。

第二次重爆撃があったかどうかは、冥王代の地球史の年代を決めるうえでは非常に重要になってきます。海の形成が早くても40億年前だとすると、たとえば生命が誕生したのもそのあとということになります。生命の起源については、早かったと考えている人は約40億年前に誕生したと言い、遅く考えている人は約38億年前と言っていますが、早かったという主張にとっては都合の悪いことになります。

また、プレートも、それまでにできていたものは完膚なきまでに壊されていったんリセットされ、そのあと新たに形成されるので、二度目のプレートテクトニクスの開始は早くても40億年前ころとなり、それから島弧ができ、大陸ができたことになります。

たとえば、グリーンランドのイスアで見つかっている世界最古とされている付加体の年代も、見直す必要が出てくるかもしれません。第1章でもお話ししましたが、付加体ができるためには大量の砂や泥が必要です。それが海溝にたまるには、どこかに陸ができていなければなりません。陸ができて海から顔を出すと、浸食・削剝などの作用が起こり、礫や砂や泥が海に運ばれます。それらの堆積物が海溝へと運ばれて、付加体ができるのです。イスアの付加体は、38億年前ころのものと考えられています。しかし、もし第二次重爆撃があったとすると、そこから付加体ができるまでの時間を考えると、その年代はより若くなるかもしれません。

ただ、第二次重爆撃については否定的な考えも提示されています。たとえば、有力な証拠とされている月のクレーターについて、これらはおもに、「雨の海」にぶつかって融けた隕石の跡ばかりがアポロ計画で見つかったのであって、それ以上に広域には隕石は降っていないという考えがあります。つまり、地球には大規模な隕石落下はなかったというわけです。

また、かりに第二次重爆撃があったとしても、隕石が降った量は最初の重爆撃ほどではなかったと考えられます。もし、同規模の爆撃だった場合、地球に飛来する炭素質コンドライトの量が多すぎて、地球の海洋はとてつもなく大きくなってしまい、海水の量もとんでもなく多くなってしまうからです。

こうしたことから私自身は、第二次重爆撃は起こっておらず、ジャイアントインパクトが地球最後の大事件であったと考えているのですが、もちろん確たることはわかりません。いずれにしても、第二次重爆撃の有無は初期地球の解明において重要な意味をもっています。これから世界各国は月の有人探査に乗り出していくようですが、ぜひ詳細な調査によってこの問題を解決してほしいと思います。

プレートテクトニクスの終焉

再度の隕石重爆撃があったかどうかはわかりませんが、やがてコマチアイトプレートは安定して、ついにプレートテクトニクスが本格的に始まります。プレートの沈み込みによって、マントルに水が持ち込まれて玄武岩が安山岩となって島弧をつくり、そうしてできた島弧どうしが衝突してより大きくなっていき、安山岩から花崗岩が形成されて、大陸ができていったのです。ひとたび始まったプレートテクトニクスのサイクルは、世界中の海嶺と海溝を巨大地形へと成長させながら、力強く進行していきます。

やがて、これらの大陸が寄せ集まって、おびただしい花崗岩ができました。27億年前ころには、超大陸ケノリアができたと考えられます。そのあと地球は、超大陸の分裂と形成を十数度も繰り返す、ウィルソンサイクルの時代に入っていくのです。

では、コマチアイトはどうなったのでしょうか。

隕石重爆撃によって初期地球が１６５０℃を超える高温となったことで、融点の高いコマチアイトはプレート形成の立役者となりました。幾多の困難を乗り越えて、プレートテクトニクスを地球にもたらしたコマチアイトは、冥王代地球のＭＶＰともいえるかもしれません。

しかし、やがて地球は冷えていきます。地球の内部では、放射性元素の壊変によって熱が発生しているのですが、プレートの沈み込みの際に冷たい水が持ち込まれることで、収支としては地球はどんどん冷えているのです。そのため、地下深くに沈み込んだコマチアイトはもはや、マグマとなって地表に上がってくることができなくなり、表舞台から姿を消したのです。地球ではもう、コマチアイトのように融点の高い火山岩がつくられることはないでしょう。これが、私が考えるコマチアイトの末路です。みずからが興したプレートテクトニクスによって存在を消されるのは、皮肉といえなくもありません。

もっとも、いずれは現在のプレートを形成するすべての岩石が、コマチアイトと同じ運命をたどると考えられます。地球内部の放射性元素の壊変が進むと、やがて熱源が枯渇し、マントルは冷え切って、ついにはマグマを生成することができなくなるでしょう。すると、沈み込んだプレートはもはや、地表に戻るすべを失ってしまいます。プレートテクトニクスの終焉です。

それは、プレートとともに沈み込んだ海水も地表に還れなくなることを意味しています。やがて、海洋の水はすべてなくなってしまいます。海の消滅です。そのときは、遅くともあと10億年ほどで到来するとも考えられています。

そうなれば、決して見ることはできないはずだった深海底の巨大地形も、あるいは姿を現すかもしれません。しかし、それらの絶景を目のあたりにできるようになった地球には、もはや人類が住むことは不可能でしょう。

もしもそのころにも人類がまだ生存していれば、ほかの惑星へ移り住んでいることを期待しています。

終章　深海底と宇宙

みなさん、ここまで本当におつかれさまでした。水深9000m以上の深海底から40億年以上前の冥王代まで、これほど読者を振り回す本も珍しいかもしれませんね。

長かった旅もようやく終わりましたので、ここでお開きとしましょう。私は宮古から盛岡に出て、東北新幹線で東京に帰ります。みなさんも、どうかお気をつけて。

でも最後に、もしよろしければ少しだけお茶を飲んでいきませんか。というのも、私は深海の話になるとつい饒舌になるので、みなさんにとりとめのないことばかり語りすぎてしまったのでは、と気になっているのです。そもそもヴァーチャル世界一周のあとに頭に浮かんだ最大の疑問「深海底の地形はなぜ巨大なのか」については、ちゃんと答えが出せているでしょうか。

御用とお急ぎでない方は、もう少しおつきあいいただければ幸いです。

深海底に巨大地形ができるまで

われわれは深海底にはとてつもない巨大地形がごろごろしているのを目の当たりにしましたが、なかでも群を抜いて大きかったのは、海嶺と海溝でした。この二つには、海嶺がマグマを噴き出してプレートをつくり、海溝がそのプレートを呑み込むという関係があります。そして、海嶺や海溝が大きくなるほど、深海底ではマグマや水などの物質が大規模に動くようになり、それにともなってほかにも大きな地形がつくられていきます。言うなれば、深海底の地形は海嶺と海溝を「車の両輪」として発達してきたのです。

では、海嶺と海溝はなぜこれほど大きくなったのでしょうか。おそらくそれは、プレートテクトニクスの作用でしょう。

海嶺では、マグマの上昇に起因するリッジ・プッシュの効果で、プレートに張力がかかって裂け目が伸長し、海嶺はより長くなっていきました。また、海溝では、テーブルクロスがずり落ちるようなスラブ・プルの効果で、本来であればアイソスタシーの原理が働いて一定以上に深くは沈まないプレートがより深くまで沈み込んだために、海溝もより深くなっていきました。これらのことは、第2章でもお話ししましたね（162ページの図2-5参照）。

すると、次に湧いてくるのは「プレートテクトニクスはなぜ始まったのか」という疑問です。これについては第3章で、火山学者のW・A・ダフィールドによるハワイの溶岩湖での驚くべき観察を紹介しました（193〜194ページの図3-5、図3-6参照）。溶岩湖の表面には、マグマが少し冷えてくると「かさぶた」ができました。かさぶたには、すぐさま直線状の裂け目ができて、その下からマグマが噴き出し、どんどん新しいかさぶたがつくられていきました。一方、別の場所ではかさぶたに直線状の凹みができて、そこからかさぶたが溶岩湖の内部にどんどん沈み込んでいきました。このかさぶたの動きは、まさにプレートテクトニクスを思わせるものでした。そして、かさぶたにできた裂け目や凹みは、海嶺や海溝に酷似していました。つまり、溶岩湖ではマグマが冷えてかさぶたという擬似プレートができると、すぐに海嶺や海溝ができて、さらにプレートテクトニクスが始まる。それらがほとんど同時に進行するようなのです。

40億年以上前の地球でも、同じことが起こったのではないかと私は考えました。絶え間ない隕石重爆撃によって地表がどろどろに融けた地獄のようなマグマオーシャンで、少しだけマグマが冷えてきたとき、「創世記」の幕が開きました。私の想像によれば、コマチアイトが最初のプレートをつくり、すると、すぐさま海嶺や海溝ができて、プレートテクトニクスが始まったのです。ちなみにダフィールドの観察では、トランスフォーム断層も海嶺ができるとすぐに発生したことが示唆されています。

一方、どろどろのマグマが紡ぐ「創世記」は、地下深くでも進行していました。マグマの密度の違いが、層状の構造をつくったのです。核とマントルです。やがてマントルは、高温の核によって熱せられて、対流運動を開始しました。すると熱いマントルは、煙のようにゆっくりと立ち昇っていきました。この煙がプルームです。やがてプルームは、地下からプレートを動かしはじめました。プレートテクトニクスの駆動力となったのです。そしてしばしば巨大な塊に成長し、通常は越えられない地下670㎞のラインを突破して、スーパーホットプルームとなって地表に膨大な量のマグマをもたらしました。たとえば海台は、こうして深海底にできた巨大地形です。これら一連のプルームの動きが、プルームテクトニクスと呼ばれるものです。

こうして見ると、マグマからみた「創世記」では、いわば地表近くでのプレートの水平な動きと、地下深くでのプルームの垂直な動きという二つのテクトニクスによって、地球の骨格がつくられていったと見立てることもできます。この二つは、互いに連動しています。対流するプルームに動かされてプレートが地下に沈み込み、プレートが沈み込むとまたプルームの対流が促されるのです。連動する両者はどんどん発達し、大規模になっていきました。それにつれて深海底でも、海嶺や海溝や海台などが発達していきます。すると、循環するマグマや水がより大量になるため、さらにそれらが発達するという相乗効果が生まれ、どんどん地形が巨大化していったのです。

これが、私がこの旅のなかで考えた、深海底に巨大地形ができるまでのシナリオです。マグマオーシャンが生んだ二つのテクトニクスが、巨大地形を、そして地球そのものを育んだのです。

「斉一説」と「天変地異説」

これで、とりあえずこの旅の主題は完結したことにさせていただきます。でも、コーヒーのお代わりがきましたのであと少しだけ、違う話をしたいと思います。

みなさんは「斉一《せいいつ》説」と「天変地異説」という言葉をお聞きになったことがあるでしょうか。ごく大ざっぱに言えば「この世界はどのようにしてできあがったのか」についての、二つの考え方です。地球の地質、あるいは生物は、どのようにして現在の姿になったかということです。

斉一説の考え方を端的に表すと、「現在は過去を解く鍵である」ということになります。地球では一定の自然法則のもと、同じような現象が繰り返されていて、現在に至ったという意味です。わかりやすい例としては、川がそうでしょう。川は昔から流れつづけていて、少しずつ少しずつ地面が削られて現在の地形がつくられました。「斉《ひと》しく」「一様に」同じ現象が繰り返されるというのが、斉一説という名前の由来です。

斉一説の祖としては英国の地質学者ジェームズ・ハットンが知られています。1795年に、ハットンは著書『地球の理論』で斉一説を提唱し、これによってのちに「近代地質学の父」とも呼ばれました。

一方の天変地異説は、「激変説」とも呼ばれていて、その名のとおり、この世界は天変地異によってつくられてきたとする考え方です。よく用いられている例としては、「創世記」に描かれている「ノアの方舟《はこぶね》」があります（図5－1）。

造物主は地上の人々の堕落を嘆き、洪水で滅ぼすことにして、信をおいているノアに、方舟をつくらせました。ノアは3階建ての方舟を建設し、妻と3人の息子とそれぞれの妻、そしてすべての動物のつがいを乗せました。洪水は40日40夜続いて、地上に生きるものすべてを滅ぼしました。流された方舟は、アララト山の頂上にたどり着きました。やがて水が引いて、方舟から出た

図５－１　ノアの方舟に乗り込んでいく獣たち

ノアは人類の新たな祖となり、このような洪水は二度と起こさせないことを誓った——という話です。

19世紀の初めにはフランスの古生物学者ジョルジュ・キュビエが、パリ盆地から出てくる化石が地層ごとに違っていることを見いだし、１８１２年に著した『化石骨の研究』で、地球では古来、天変地異が繰り返され、そのたびに生物相が変化してきたのだと主張して天変地異説に理論的な根拠を与えました。

天変地異説は、生物の変化は神による創造が繰り返された結果であるとする「反復創造説」にも発展し、もともとキリスト教の影響が色濃かった中世ヨーロッパの知識階級に抵抗なく受け入れられ、当時の自然観の主流となりました。

しかし、1830年以降、英国の地質学者チャールズ・ライエルが『地質学原理』を発表したことで、大勢が変わってきました。ライエルは膨大な地質学的現象を丹念に調べ、一見、無関係に思われた事実の間にもつながりがあることを突きとめて天変地異という考え方を否定し、ハットンが提唱した斉一説の正しさを主張したのです。そこには科学的な強い説得力がありました。あのチャールズ・ダーウィンがビーグル号での航海中に『地質学原理』を読んでおおいに触発され、そのあとガラパゴス諸島に上陸して「進化論」を着想したことはよく知られています。進化論もまた、生物の種は少しずつ変化しているとする考え方でした。

斉一説はキリスト教的な自然観と真っ向から対立するものでしたから、天変地異説との間で長い間、激しい論争が続けられました。近代的な地質学や生物学はさまざまな現象を関連づけていく方向へと進歩しましたので、斉一説に有利に働きました。やがて、天変地異説はほとんど顧みられなくなり、斉一説が世界のなりたちを説明する原理と考えられるようになったのです。

深海底巨大地形のなりたちは斉一説か？

ここで、みなさんに聞いてみたいことがあります。深海底の巨大地形がさきほどお話ししたようなシナリオでつくられたとすれば、やはりそれは、斉一説の考え方で説明できるものでしょうか。それとも、もしかしたら天変地異でできたのでしょうか。少しの間、考えてみてください。

地形の巨大化を推し進める原動力となったプレートテクトニクスとプルームテクトニクスは、まさに斉一説を体現する現象ともいえそうです。40億年以上も前からこれらのサイクルが延々と繰り返されることで海嶺はより長く、海溝はより深く、海台はより大きくなっていきました。

では、やはり深海底巨大地形のなりたちも、斉一説で説明されるべきものでしょうか。

じつは近年、自然科学者の間では、斉一説について疑いをもつ人たちが増えてきているように思います。あるいは天変地異説を支持する人が増えてきていると言うべきかもしれません。たとえば、ニューヨーク州立大学の名誉教授にまでなった都城秋穂《みやしろあきほ》は、1994年に雑誌『科学』（岩波書店）で、「斉一説は地質学の基本原理ではありえない」と述べています（連載「地質学とは何だろう」より）。この傾向には、古生物学の最近の研究成果がかかわっています。

その皮切りとなったのは1980年の、米国のアルバレス親子による恐竜絶滅についての研究です。彼らは、恐竜が姿を消した時期にあたる中生代白亜紀と新生代古第三紀の境界、いわゆるK－Pg境界の地層から、小惑星や隕石に含まれるイリジウムが高濃度に検出されたことから、恐竜が絶滅したのは巨大隕石の落下が原因だったと考えました。この考えは有力とされ、現在ではほぼ定説となっています。

このK－Pg境界で起こった事件は、恐竜だけでなく生物種の85％が消える大量絶滅でした。

ノアの方舟のときの大洪水に匹敵する天変地異ともいえるかもしれません。そして生物の大量絶滅はK－Pg境界を含めて5度もあったこともわかってきて、「ビッグファイブ」とも呼ばれていますが、K－Pg境界のほかは、まだ原因も特定されていません。

ほかにも、斉一説では説明しきれない大事件が地球史ではしばしば起こっていて、現在の趨勢《すうせい》は、天変地異説が大きく見直されつつあるといえるのです。

そこで、深海底巨大地形のなりたちについて考えてみると、二つのテクトニクスによる発達のシナリオは、たしかに斉一説的です。しかし、このシナリオのいちばん最初にあるのは、隕石重爆撃です。それはまさに、天変地異といえるものです。これによって地球がマグマオーシャンとなったことで、コマチアイトでできた最初のプレートが生まれ、核と分離したマントルでは対流が起こって、プレートテクトニクスやプルームテクトニクスが始まったと私は考えています。だとすると、隕石重爆撃という天変地異が深海底に巨大地形をつくったということになります。

ジャイアントインパクトもまた、とてつもない天変地異です。直接的には、一度できたプレートを壊してしまったのでネガティブな事件ですが、これによって地球に唯一の衛星ができたことは、地球が現在のような姿になるうえでは、はかりしれない影響をもたらしているはずです。

もっとも斉一説か天変地異説かという論争はあくまで、この世界ができた歴史をどう見るかという主観が入りこむ議論であり、どちらか一方だけが正しいなどと決めつけられるものではありません。ただ本音をいうと私は、大学3年生になって地質を学びはじめたころから斉一説は辛気臭くて面白くないなと感じていたので、近年の天変地異説の巻き返しをうれしく思っています。

新たなパラダイムへ

最近では、斉一説と天変地異説という枠組みに収まらない新たな議論も始まっています。これまで、さまざまな地球科学現象の原因としては、地球自体に起因する内因的なものと、太陽エネルギーがもたらす外因的なものとが考えられていましたが、それに加えて、未知の天文学的な要因を新たなパラダイムとして導入する必要があると多くの研究者が考えはじめています。

天文学者の中には、宇宙のダークマターやダークエネルギーがそうした要因となっている可能性があると考えている人もいます。目には見えず、いまだ正体もわかっていないダークマターやダークエネルギーを、地球科学にも取り入れることが必要な段階に来ているようです。

ニューヨーク大学教授で2019年に『繰り返す天変地異』を上梓したマイケル・R・ランピーノも、「斉一説はもはや限界である」と述べています。彼は、太陽系は円盤状の天の川銀河を上下運動しながら周回していて、銀河平面を通過するときに可視物質やダークマターと遭遇すると、それが刺激となって弾き飛ばされた彗星や小惑星が地球を直撃し、天変地異が起こると主張しています。そして、それは約2600万年周期で起こると述べています。たしかに、地球史のなかで生物の絶滅はこれまで大きなものが5回、小さなものは20回ほど起こっていますが、その間隔はおよそ2200万〜3000万年とされていますので、話としては辻褄《つじつま》が合っています。この考えが正しければ、天変地異や大量絶滅は周期的に繰り返される天文学的な現象ということになります。これなどは斉一説と天変地異説のハイブリッドとでもいえるでしょうか。

マグマオーシャンから始まる冥王代地球の「創世記」の幕を開けたのが隕石重爆撃であったように、地球科学の現象も、じつは天文学や宇宙論との関連で語られるべきであることに、人類はようやく気づきはじめたのかもしれません。深海底は宇宙につながっています。天変地異と思われたことも、宇宙を探せば「未来を解く鍵」が見つかるのかもしれません。

いま、人類が直面している課題の一つに「第6の絶滅」を回避する、というものがあります。過去に5度起きたような大量絶滅がもしまた起こったら、それは人類みずからが人類を滅ぼすものとなる可能性が大だからです。いつかは滅びるときがくるとしても、人類とはそのように愚かな生命体であったと宇宙に記憶されるのは、残念なことではないでしょうか。それを回避するには、人類がさらに進化していかなくてはなりません。

生命が地球とともに進化してきたことを、生命と地球の「共進化」といいます。いまわれわれは、地球が宇宙と共進化してきたことにも気づきはじめました。もしもそのことが、人類と宇宙の共進化のはじまりであったならば、人類の未来も少し明るくなるのではと私は想像します。

おわりに

見えない絶景をめぐる旅はいかがでしたか。「ヴァーチャル潜航」に「想像地質学」と、真面目な方が眉をしかめそうな造語を連発してしまったので、少し心配になっています。

実際には、潜水調査船が地球科学の研究に使われはじめてから、米国、フランス、日本などの調査船は優に1万回以上は深海底を潜航してきました。日本は「しんかい2000」が1411回、「しんかい6500」が1500回以上と、およそ3000回も潜っています。しかし、海洋の表面積は約5億㎢もあります。1回の潜航でカバーできる範囲はせいぜい1㎢ですから、深海のすべてを調査するには5億回は潜らなければならないわけです。

つまり深海底から何が出てくるのかは、まだまだまったく予想できません。本編ではあまりふれませんでしたが、生物に関してもそれは同様です。とくに生命の起源については、一時は深海底の熱水噴出孔が最有力とされていました。最近はこの議論がまた活発なようで、生命誕生の地は海か、陸か、あるいは宇宙か、などの多彩な考えがあり、藤崎慎吾がブルーバックスにまとめています（『我々は生命を創れるのか』）。私はいまだに「深海底」という考えを捨ててはいませんが、いずれにしても調査がまだ必要です。ぜひ世界各国が協力して進めてほしい課題です。

しかし、「しんかい6500」は近年、老朽化が懸念されています。もし日本が後継機をつくらずに有人の潜水調査船の運航をやめてしまえば、それは日本が深海底の研究をやめたことになります。そうなるともう、二度と外国に追いつくことは不可能でしょう。深海底の研究は、地道に継続しなくてはなりません。それは本編に書いたように、深海底には地球が天変地異を繰り返しながら宇宙と共進化してきた痕跡が刻まれているからです。

いま世界中の人類は、まさに天変地異に見舞われています。この稿を書いているきょう、日本でもついに新型コロナウイルスの感染拡大を受けて緊急事態宣言が発令されました。マリアナ海溝での世界最深潜航記録の更新を祝った令和改元の日から、まだ1年もたっていないのが嘘のようです。はたしてこの経験によって、人類はさらに進化するのでしょうか。私自身は、人類がこの世に存在できていることはまったくの奇跡でしかないということをますます強く感じるばかりです。

子どものころに観たウォルト・ディズニーのアニメーション映画『ファンタジア』を思い出します。ある夜、巨大なコウモリの化け物のような悪魔が山の頂に現れました。悪魔が翼を広げると、人々は次々に死んでいき、幽霊に姿を変えていきます。交響曲『禿山《はげやま》の一夜』の不穏な響きが、先の見えない恐怖をかきたてます。しかし、やがてどこからか、鐘の音が聞こえてきます。そして日が昇ってきたのです。すると悪魔はみるみる小さくなり、ただのコウモリに戻ります。そして幽霊になっていた人々は命を吹き返し、平和が戻ってくるのです。

いま、先が見えないこの世界に、鐘が鳴る日が一日も早く訪れることを願わずにはいられません。

本書の執筆にあたり、神奈川県立生命の星博物館の平田大二館長と千葉県中央博物館の高橋直樹博士には原稿を読んでいただき多くの助言を賜りました。海洋研究開発機構の田代省三氏には潜水船や深海の旅に関するアドバイスのほか文章全体にわたって助言を賜りました。同じく海洋研究開発機構の監物うい子さんにはいつものように読者の立場から文章の修正などをお願いしました。図の一部は平塚市博物館の野崎篤博士にお願いしました。講談社の山岸浩史氏には原稿の適切な整理など丁寧なご指導を賜りました。これらの方々の温かい援助がなければこの本の完成はなかったと思います。ここに感謝いたします。とはいえ本書の内容に関しての責任の一切は著者にあることは言うまでもありません。

令和二年四月　夜明けの鐘が鳴るのを待ち望みながら

藤岡換太郎

参考図書（主なもののみを記す）

ウォルター・アルバレス、山田美明訳　2018年『ありえない138億年史』光文社
レイチェル・カーソン、日下実男訳　1977年『われらをめぐる海』ハヤカワ文庫ＮＦ
藤倉克則・木村純一編著　2019年『深海――極限の世界』講談社ブルーバックス
藤岡換太郎　1997年『深海底の科学』ＮＨＫブックス
藤岡換太郎　2012年『山はどうしてできるのか』講談社ブルーバックス
藤岡換太郎　2013年『海はどうしてできたのか』講談社ブルーバックス
藤岡換太郎　2014年『海がわかる57のはなし』誠文堂新光社
藤岡換太郎　2016年『深海底の地球科学』朝倉書店
藤岡換太郎　2017年『三つの石で地球がわかる』講談社ブルーバックス
藤崎慎吾・田代省三・藤岡換太郎　2003年『深海のパイロット』光文社新書
浜野洋三　1995年『地球のしくみ』日本実業出版社
堀田　宏　1997年『深海底からみた地球』有隣堂
唐戸俊一郎　2017年『地球はなぜ「水の惑星」なのか』講談社ブルーバックス
川上紳一・東條文治　2006年『図解入門　最新地球史がよくわかる本』秀和システム
木村　学・大木勇人　2013年『図解・プレートテクトニクス入門』講談社ブルーバックス
小林和男　1977年『海洋底地球科学』東京大学出版会
是永　淳　2014年『絵でわかるプレートテクトニクス』講談社
丸山茂徳　2016年『地球史を読み解く』放送大学教育振興会

参考図書

丸山茂徳・磯崎行雄　1998年『生命と地球の歴史』岩波新書
道田　豊・小田巻　実・八島邦夫・加藤　茂　2008年『海のなんでも小事典』講談社ブルーバックス
都城秋穂編　1991年『世界の地質』岩波書店
都城秋穂・久城育夫　1975年『岩石学Ⅱ』共立出版
都城秋穂・久城育夫　1977年『岩石学Ⅲ』共立出版
中西正男・沖野郷子　2016年『海洋底地球科学』東京大学出版会
日本地質学会フィールドジオロジー刊行委員会編、小川勇二郎・久田健一郎　2005年『付加体地質学』共立出版
J・ピカール／R・S・ディーツ、佐々木忠義訳　1962年『一万一千メートルの深海を行く』角川新書
マイケル・R・ランピーノ、小坂理恵訳　2019年『繰り返す天変地異』化学同人
佐野貴司　2015年『地球を突き動かす超巨大火山』講談社ブルーバックス
佐野貴司　2017年『海に沈んだ大陸の謎』講談社ブルーバックス
佐々木忠義編　1981年『海と人間』岩波ジュニア新書
諏訪兼位　1997年『裂ける大地　アフリカ大地溝帯の謎』講談社選書メチエ
田近英一　2009年『地球環境46億年の大変動史』化学同人
田近英一　2019年『46億年の地球史』三笠書房（知的生き方文庫）
高橋正樹　1999年『花崗岩が語る地球の進化』岩波書店
高橋正樹・栗田　敬・鵜川元雄・加藤央之・磯崎行雄　2019年『図解　眠れなくなるほど面白い地学の話』日本文芸社
巽　好幸　2003年『安山岩と大陸の起源』東京大学出版会

巽　好幸　２０１２年『なぜ地球だけに陸と海があるのか』岩波書店
寺田健太郎　２０１８年『絵でわかる宇宙地球科学』講談社
東京大学海洋研究所編　１９９７年『海洋のしくみ』日本実業出版社
宇田道隆　１９６９年『海』岩波新書
上田誠也　１９７１年『新しい地球観』岩波新書
上田誠也・杉村　新　１９７０年『弧状列島』岩波書店
上田誠也・杉村　新編　１９７３年『世界の変動帯』岩波書店

潜水船での潜水報告など

『ＪＡＭＳＴＥＣ 深海研究』No.１―No.24　ＪＡＭＳＴＥＣ
藤岡換太郎　１９８６年「６，０００ｍの深海底の散策」『地質ニュース』No.３８３、６―19

やや専門的な論文など

『地学雑誌』２０１８年No.５　特集号「冥王代の世界」ＰａｒｔⅠ　東京地学協会
『地学雑誌』２０１９年No.４　特集号「冥王代の世界」ＰａｒｔⅡ　東京地学協会
Duffield, W.A.(1972) A naturally occurring model of global plate tectonics. Journal of Geophysical Research, 77:2543-2555
Fujioka, K., Okino, K., Kanamatsu, T., and Ohara, Y.(2002) Morphology and origin of the Challenger Deep in the Southern Mariana Trench. Geophysical Research Letters, Vol.29, No.10
Wager, L.R. and Brown, G.M.(1967) Layered Igneous Rocks. W. H. Freeman and Company, SF, 588 pp.

【な行】

【は行】

さくいん

N.D.C.450　254p　18cm

ブルーバックス　B-2116

見《み》えない絶景《ぜつけい》　深海底《しんかいてい》巨大《きよだい》地形《ちけい》

2020年 5 月20日　第 1 刷発行

著者　藤岡換太郎《ふじおかかんたろう》
発行者　渡瀬昌彦
発行所　株式会社講談社
〒112-8001　東京都文京区音羽2-12-21
電話　出版　03-5395-3524
販売　03-5395-4415
業務　03-5395-3615

印刷所　（本文印刷）株式会社新藤慶昌堂
（カバー表紙印刷）信毎書籍印刷株式会社
製本所　株式会社国宝社

定価はカバーに表示してあります。

ISBN978－4－06－517904－8

発刊のことば

科学をあなたのポケットに

二十世紀最大の特色は、それが科学時代であるということです。科学は日に日に進歩を続け、止まるところを知りません。ひと昔前の夢物語もどんどん現実化しており、今やわれわれの生活のすべてが、科学によってゆり動かされているといっても過言ではないでしょう。

そのような背景を考えれば、学者や学生はもちろん、産業人も、セールスマンも、ジャーナリストも、家庭の主婦も、みんなが科学を知らなければ、時代の流れに逆らうことになるでしょう。

ブルーバックス発刊の意義と必然性はそこにあります。このシリーズは、読む人に科学的に物を考える習慣と、科学的に物を見る目を養っていただくことを最大の目標にしています。そのためには、単に原理や法則の解説に終始するのではなくて、政治や経済など、社会科学や人文科学にも関連させて、広い視野から問題を追究していきます。科学はむずかしいという先入観を改める表現と構成、それも類書にないブルーバックスの特色であると信じます。

一九六三年九月　野間省一